Matthew Chrisman

What is
this thing called
Metaethics?

[英]马修·克里斯曼———著

李大山———译

简明元伦理学

第2版

2nd Edition

上海人民出版社

译者序：明晰且不简单

最初接手翻译时以为这是一本类似安德鲁·费希尔的《元伦理学导论》的教材，甚至更偏入门级。相信读者在看到书名中"简明"二字时也会产生这种认识，尤其是受过一定的元伦理学训练的读者。其实，"明晰且不简单"是我翻译完《简明元伦理学》第2版的感受。

明晰是分析哲学的基本风格，元伦理学以语言分析起家，自然有高于一般的明晰性的追求。对明晰风格常见的担心是深度不足，但克里斯曼敏锐的学术洞见与深厚的运思功力使得本书的明晰性奠定在丰厚的思想结构之上，并以独具匠心的形式徐徐展开。他通过"理解难点""重点""问题研究""理解难点的答案""资源拓展"拆解元伦理学四大难题与四种主流理论的硬核，这样友好的阅读界面有助于非伦理学专业的学生快速进入，亦有助于具备一定研究基础的专业人员渐进深入。

相信翻阅本书的读者可能看过亚历山大·米勒的《当代元伦理学导论》与马克·范·罗伊恩的《元伦理学：当代研究导论》，这两本书勾勒的元伦理学谱系令人印象深刻，谱系的可视化有助于梳理元伦理学纷繁复杂的样貌。《当代元伦理学导论》的深度是公认的，米勒在"表达主义"与"自然主义"章节中的论述远远超出了"导论"范畴，极具研究性质，篇幅不到两百页（英文版）的《简明元伦理学》自然难以在研究深度上与之媲美。不过，我仍有三个理由推荐这本《简明元伦理学》：

一是克里斯曼在第2版一改元伦理学叙事的传统起手式，没有从摩尔开始，沿着非自然主义—情绪主义—表达主义—实在论与反实在论—自然主义—道德心理学的历史发展顺序进行叙事，而是尝试从自然主义开始，再进入非自然主义，他将表达主义放在了错误论与虚构主义之后。我估计他的考虑是这样的：首先，摩尔旨在表明自然主义不成功的开放问题论证是反驳性的，这对初学者理解不够容易，为什么元伦理学的开端是一个反驳？既然是反驳，那就说明非自然主义不是元伦理学逻辑上的开端，而只是时间上偶然在先。其次，理解开放问题论证需要掌握伦理学史上的快乐主义、功利主义、道义论、超自然主义、社会达尔文主义等思想，这些思想被摩尔统编为自然主义，理解摩尔的非自然主义应预先理解它们。如果站在某种高度审视，那么，克里斯曼在第 2 版叙事上的这番调整从逻辑结构重述了元伦理学史，为实现历史与逻辑统一的元伦理学理解迈出了坚实的一步。

　　二是克里斯曼关照到了元伦理学四种主流理论之外趣味盎然的冷门进路，犹如多省交界的山区，这些冷门进路游走于主流理论边缘，充分展现了元伦理学的理论宽度、弹性与复杂性。例如，信欲（besire）、包容的表达主义、混合的认知主义、实用主义、建构主义、反应—依赖等进路。它们广泛分布于全书而不仅仅出现在第 7 章，例如第 1 章自然主义的演化论与主观主义进路，第 8 章的厚伦理概念。这些是米勒、罗伊恩与费希尔书中顾此失彼或有意略过的内容，呈现了元伦理学前沿的进展，开拓了读者视野，甚至孕育着元伦理学关键问题与论题的出路，是研究人员推进相关研究无法回避的。对于这些冷门进路，克里斯曼也建立了一套谱系并且完成了该谱系与四大主流理论的并谱工作，与米勒、罗伊恩所建谱系一样完备且更具厚度，囊括了不同论题、立场与进路间多维度、多层次的逻辑关系，在他游刃有余地运用成本—收益分析法最终呈现的两套闭环结构（见第 7 章末）中，隐隐浮现了元伦理学百年简史的最终章。

三是克里斯曼敏锐地捕捉到了元伦理学与哲学其他领域的互动，精炼地做了阐释，要害处拳拳到肉却又点到即止，绝不过分展开。这些互动分为两类，一类根据哲学门类划分，另一类根据哲学问题划分：

就根据哲学门类划分的互动而言，一方面，他像米勒、罗伊恩与费希尔一样，介绍了元伦理学受到形而上学、心灵哲学、知识论、语言哲学等门类的影响，如道德孪生地球思想实验、先验自然主义网络分析、随附性等。另一方面，更重要的是，他捕捉到了元伦理学对这些领域的反作用。例如，当代元知识论研究中的表达主义进路就是在元伦理学表达主义的基础上发展起来的，受到表达主义启发：如果小李说"我知道此刻上海在下雨"，其中一层意思是，至少在小李看来这句话无须质疑了，决定"上海在下雨"与"上海是中国的直辖市"两者区别的主要是语用属性而非语义属性。从元伦理学表达主义汲取养分的元知识论表达主义能够帮助知识论语境主义处理"想法改变"与"知识分歧"两大挑战。

就根据哲学问题划分的互动而言，他将元伦理学四种主流理论和关于它们的具体论证置于道德语境以外更一般的难题中考察，在相应理论资源中以我为主、左右逢源、互相发明，进而反思、探索更深层次的问题。例如，通过考察错误论、虚构主义、随附性、最佳解释等论证在道德意义上的"应当"与深思熟虑意义上的"应当"之间的适用差异，反思两者的种属关系及一般意义上的"应当"的本源。休谟式行动理由如何获得超出个体范畴的欲望、担忧与关切达到道德意义上"应当"的高度，非自然主义借助随附性融贯于自然世界的解释策略在人类非理性行动面前不堪一击。自然主义与非自然主义对此能提供什么样的理解？

至于更全面的评价与元伦理学的最终章问题要打住藏拙了，以下坦白几处翻译过程中的权宜之计，一词多译的根据是语境，而语境受限于译者的中英文水平，例如：claim 译为声称、主张、陈述；ordinary 译为日常、普通，如 ordinary desires，译为普通欲望，相较于道德属性的欲望；adapted 译为演化、调整；good 译为善、好（遵从国内翻译惯例），在摩尔相关语境中译为善；one 根据语境译为一个人、我们、有人；interpreted 译为阐释、解读、解释；prudence 与 deliberative 都译为慎思；plausible 译为可信、可靠；intelligible 译为合理的、智性；full stop 译为绝对、到此为止。

特别指出的是，当我翻译完本书第 1 版并修订校样时，版权方要求上海人民出版社出版本书第 2 版（2024 年 1 月），我不得不重新翻译第 2 版，延长了本书的出版时间。同时，在校对第 2 版的过程中，我发现英文版第 50、52 页的错误，经与作者沟通，他同意我的修改建议，即把英文版第 50 页的"理解难点 7"改为"理解难点 6"，把英文版第 52 页的"QU6"的答案删去，把"QU7"改为"QU6"。

由于学力有限，译文难免有不当之处，敬请大家批评指正，译者当不胜感激。

李大山于上海大场
2024 年 10 月

中译版序言

很荣幸这本书被翻成中文，在此我向译者李大山博士与上海人民出版社使这本书走向更多读者表示诚挚感谢，受他们之托，这篇"中译版序言"分享我进入元伦理学的故事。

上大学前的那个夏天，我读了一些关于宇宙、黑洞和弦理论的畅销物理书。于是，我怀着学习物理的愿望进入了莱斯大学（Rice University）。然而，我很快发现我对形而上学比物理更感兴趣——对微分的兴趣更少，对可能世界的兴趣更多！

好吧，说实话，我可能对性、瘾品（drugs）和摇滚乐更感兴趣——或至少是与我的朋友兼室友阿玛尔·派（Amar Pai）在KTRU 做书呆子气的唱片（DJing），KTRU 是当地学院的广播电台，他现在不幸去世了。多年来，阿玛尔教会了我许多如何用引人入胜的方式写出复杂想法。但我转向哲学是从埃里克·马戈利斯（Eric Margolis）、乔治·谢尔（George Sher）和理查德·格兰迪（Richard Grandy）的课上开始的。最重要的是，这些教授在分析困难的哲学问题时的清晰和精准给我留下了深刻的印象。我很感激他们给了我鼓励。从那以后，我迷上了哲学。

我在本科期间学习了各种知识，但我记得读过的一本书是《道德实在论文集》，由当代元伦理学巨擘杰夫·塞尔-麦考德（Geoff Sayre-McCord）主编。这让我对真理的本性及其在描述实在论和反实在论道德理论之间差异的作用产生了兴趣。这也激发了我考虑去北卡罗来纳大学读研究生，杰夫在那里教书。

在德国图宾根学习了一年唯心主义和现象学后，我进入了北卡罗来纳大学的研究生课程，在那里我有机会跟随迈克尔·雷斯尼克（Michael Resnik，他指导了我关于真之紧缩论概念的硕士论文）学习真理理论，跟随多瑞特·巴-昂（Dorit Bar-On）和威廉·莱坎（William Lycan）学习语言哲学，跟随杰伊·罗森伯格（Jay Rosenberg）和拉姆·内塔（Ram Neta）学习知识论。这些哲学家极大地影响了我处理哲学问题的方式和思考哲学中什么才是最重要的。但杰夫指导了我的博士论文，对我倾心并走进元伦理学的影响最大。

爱丁堡大学（University of Edinburgh）的聘用使我找到了第一份工作，我很快就开始与迈克尔·里奇（Mike Ridge）密切合作。杰夫之外，迈克尔对我进入元伦理学的影响最大，这本书是我们在爱丁堡为本科生和硕士生共同讲授课程的讲义的派生品。

有点开玩笑的是，我认为迈克尔是我"爱丁堡反实在论"的联合创始人，这可视为"康奈尔实在论"运动的一种平衡。我们以前的博士生塞巴斯蒂安·科勒（Sebastian Köhler）和詹姆斯·布朗（James Brown）也可看作致力于这个传统。其基本思想是，不通过提出一种新的语义学来解决伦理术语的意义问题，而通过研究是什么解释或底定（ground）了这些伦理术语拥有最好的语言—语义学理论并认为它们所拥有的语义内容。

从这个角度来看，派生于休谟式表达主义或塞拉斯实用主义的反实在论可以赞同"好"或"应该"等术语的最佳语义理论，同时认为它们的语义内容并不建立在与应当或好的真实属性的关系上。"爱丁堡反实在论"支持了这些观点，反驳了一个对表达主义理论的主要反对意见。迈克尔和我对如何解释语义内容的看法有些不同，但无论如何都会诉诸这些术语的非指称性用法。这就是我们的观点在相关意义上是反实在论的原因，尽管我们都同意西蒙·布莱克本（Simon Blackburn）的"准实在论"纲领，该纲领主张像我们这样的反实在论者在伦理话语中使用"真""事实""相信"和

"知道"等术语的权利。

但我们有点超前了。这本书的读者将在第 7 章对元伦理学包容的表达主义和实用主义的讨论中看到这些思想。然而，这本书的主要目标是从当代元伦理学理论的更早些时候开始，以便为元伦理学初学者打好概念基础，从而鉴赏持续塑造当代哲学研究的一些主要理论传统。通过这种方式，我希望这本书能帮助读者在进入元伦理学的道路上找到自己的方向。

马修·克里斯曼
2024 年 2 月于爱丁堡

献给我的父母莎伦与克里斯，他们给了我太多支持。

目 录

第 2 版前言

　　道德是客观事实还是人类心智的主观创造？伦理陈述表达关于实在的信念还是对缺乏客观价值的世界的情绪反应？人性的发展会削弱还是支撑存在普遍道德原则的观点？假设存在伦理事实，它们通过与科学方法大致相似的方法发现，还是说道德知识要求一种特殊的直觉或智慧形式？认为去做某事是正确的和被激发去做之间是什么关系？什么使伦理陈述为真？

　　这些问题自哲学诞生以来就是伦理学研究的一部分。今天和以往，它们一样有趣而紧迫，带领我们走进元伦理学。这本书就是关于元伦理学的。

　　本书是一般性导论，适合作为本科生研讨课主题的文本，也适合自学或作为研究生水平课程的基础（后面有更多学习资源）。本书向你介绍当代哲学工作者如何将他们的元伦理学方法系统化，发展出能够在前面这些问题上取得进展的一般元伦理学理论。我们不尝试一劳永逸地回答这些问题，但会对回答这些问题的核心有更丰富的理解，而且将亲自检验回答这些问题的方法。

　　元伦理学令人激动的一个方面是，它是大量其他哲学领域的交叉点。我认为它作为跨学科的哲学领域，涵盖了形而上学、知识论、语言哲学与心灵哲学应用于伦理学的问题。形而上学工作者会问实在基本构成的本性；在元伦理学中，我们会问伦理事实与价值是否适配实在，如果适配，又是什么样的。知识论工作者会问知识的本性是什么，在元伦理学中，我们会问道德知识的本性是什么。语言哲学工作者会问语句如何获得意义；在元伦理学中，我们会问伦理语词如何对语句的意义做出贡献。心灵哲学工作者会问当我们做出一个行动时，我们的心理发生了什么；在元伦理学中，我们会问伦理判断在激发行动中扮演的角色。

元伦理学是这样一个棘手的领域，哲学其他领域的一般性理论可以在此获得检验。做元伦理学帮助我们记住我们发展的所有哲学思想，关于伦理学、形而上学、知识论、语言哲学、心灵哲学，以及我们在这些领域发展的其他观点，最后必定形成一个神奇的宝箱（an attractive package，人类知识的其他领域也一样）。

该书囊括了大量帮助我之前的学生学习元伦理学的学习资源。首先，这里有一个关键"术语表"。如果某个术语在术语表中，当初次使用时，会用粗体标出。如果它在一段时间内没有被使用了，在几章之后以初学者不熟悉的方式再次出现，我会再次用粗体标记。其次，整本书中每章都有一个简短的"理解难点"。我发现这有助于在阅读时保持专注。第三，整个文本中每章都有"重点"与"章节总结"条框，应该有助于回顾。第四，每章结尾都有一些"问题研究"，从小作业到主题完整的期末论文。如果你自信能够回答所有"问题研究"，就接近于掌握全书了。第五，每章都有"资源拓展"列表，可深入了解这章收获的知识。在一些实例中，资源拓展是我建议你阅读的介绍性文章或百科词条。在另一些实例中，资源拓展是我认为也能帮助你理解的视频或其他多媒体。

在元伦理学旅途中有许多人帮助了我。我很幸运，在北卡罗来纳大学教堂山分校就读研究生期间学习了元伦理学。我的博士论文由杰弗瑞·赛尔-麦科德（Geoffrey Sayre-McCord）指导，他对我的选题意向与知识获得有巨大影响。那些年我也从多瑞特·巴-昂（Dorit Bar-On）、西蒙·布莱克本（Simon Blackburn）、小托马斯·希尔（Thomas Hill, Jr.）、威廉·莱肯（William Lycan）、拉姆·内塔（Ram Neta）、杰拉尔德·波斯特玛（Gerald Postema）、杰西·普林茨（Jesse Prinz）、大卫·里夫（David Reeve）、迈克尔·斯尼克（Michael Resnik）与杰伊·罗森伯格（Jay Rosenberg）那里学到了很多。

自爱丁堡大学有研究生院以来，我就在哲学系工作了，那是捍卫不同观点的元伦理学工作者的温床。本书受益于我与许多鼓舞人心的元伦理学工作者的互动，包括同事和学生。本书的素材来自我与迈克尔·里奇一起多次讲授的一门本科生元伦理学课程的讲稿笔记。除了塑造我对论题的思考方式，迈克尔慷慨地阅读了所有章节的全部手稿，给了我全面且非常有用的反馈。我于 2015 年秋季在爱丁堡大学元伦理学课上试用了前七章。那时，我的两个博士生萨缪尔·迪肖恩（Samuel Dishaw）与希尔文·维特沃尔（Silvan Wittwer）成立了一个阅读小组，并与我完成了主要章节的全部手稿，提供了许多有用且详细的评论。同事塞利姆·贝尔克（Selim Berker）、坎贝尔·布朗（Campbell Brown）、盖伊·弗莱彻（Guy Fletcher）、格雷厄姆·哈布斯（Graham Hubbs）、埃利诺·梅森（Elinor Mason）、黛比·罗伯茨（Debbie Roberts）和丹尼尔·韦尔特曼（Daniel Weltman）也慷慨地与我讨论了书中的特定部分，不仅影响了我的元伦理学教学，还影响了我对相关哲学问题的思考。

本书第 1 版已经在爱丁堡大学与其他地方的许多课上使用。我根据早期使用者的反馈，重新组织和修订了第 2 版。尼克·拉斯科夫斯基（Nick Laskowski）值得特别提及，因为他建议我从自然主义而不是非自然主义开始解释各种元伦理学理论。我相信这番重构会使自然主义与非自然主义中的思想更容易被理解。关于理解道德的演化论进路、数学—道德类比、"厚"的伦理概念也有新的讨论。劳特利奇出版社的三位匿名读者也对我重构和重写这本书中的材料给予了非常有帮助的反馈。封面上的画——"光影"——是我才华横溢的父亲克里斯·克里斯曼（Chris Chrisman）和我母亲莎伦·克里斯曼（Sharon Chrisman）画的，他们一直非常支持我。对所有这些人，我都要衷心道一声：谢谢。

在它黑暗的时候，看起来像是各种主义的支持者之间的一系列宗派之争，表征含混与不可证伪的理论信仰，而不是具体的哲学论题。但在它光明的时候，处于论辩状态的术语本身需要定期重审与修订，体现了一种我视为被所有哲学追求的、对理论谱系易变性的健康的自我意识。本书第 1 版是想把我 16 年前开始研究元伦理学发现的理论谱系付诸著作，我希望这有助于理解这些谱系是如何转变的和新理论将如何突现。我决定写第 2 版不仅是为了优化最初的谱系图，还因为理论谱系在第 1 版后的 6 年时间里发生了有趣的转变。

无论如何，我希望本书参与元伦理学的演化——即使只有一个学期或一年——能引导越来越多的人以哲学的方式仔细思考所有相关论题。

马修斯·克里斯曼

2022 年 9 月于爱丁堡

导　论

　　理查德·布兰森（Richard Branson）与杰夫·贝索斯（Jeff Bezos），这个世界上最富的两个人，2021 年承包了第一次商业太空飞行。虽然只持续了几分钟，其中一个航班的机票售价高达 2800 万美元。这激发了人们对太空旅行新的乐观情绪。然而，也有证据表明，这笔钱可以避免约六千名儿童死于疟疾。

　　同一年，弗兰西斯·豪根（France Haugen），脸书最近聘用的一名数据工程师兼产品经理违反了她与公司签订的保密协议。她曝光内部文件，揭示公司一直在监视照片墙（instagram）对青年女性心理健康的消极影响。她这样做是因为脸书的发言人反复否认公司知情，在决定是否调整 App 时利润比人的优先级更高。

　　2022 年，俄罗斯总统普京（Vladimir Putin）下令入侵乌克兰顿巴斯地区。这造成超过六百万乌克兰人失去家园，欧洲面临"二战"以来最大的难民危机。2022 年年底，美国军方向乌克兰提供了昂贵的远程导弹，该行动延缓了俄罗斯的推进，但也有可能大幅升级与延长冲突。

　　你认为太空旅行是道德上好的还是坏的？在人们易于被拯救的时候，我们有伦理义务用我们自己的钱去拯救他们的生命？违反保密协议说明豪根是道德上善良还是邪恶的？科技公司有伦理义务保护用户福祉，哪怕这会伤及利润？你赞同西方许多评论者认为普京的行动是道德上卑鄙的吗？提供远程导弹给乌克兰在道德上是正确的吗？

　　当我们回答这些问题时，我们在做**伦理判断**。当然，我们每天也会对争议较小的问题做出伦理判断。即使你真的不想去，你也应该信守诺言今晚去见朋友吗？定期给当地帮助无家可归者的慈善机构捐款是善的吗？当你不同意父母的意见时，怎样对待他们比较好呢？

伦理学[1]关心这些问题。伦理学的哲学研究可分为三个领域。在**规范伦理学**中，我们寻找使得事物正确 / 错误、好 / 坏、高尚 / 邪恶的一般性理论——即这些理论可以解释为何一些行动是正确的，另一些是错误的；一些结果是好的，另一些是坏的；一些人是高尚的，另一些人是邪恶的。例如，功利主义与道义论是两个经典的规范伦理理论。前者认为我们应当最大化所有福祉，后者认为我们应当根据特定至高无上的道德规则行动，如康德的绝对命令。在实践道德哲学或**应用伦理学**中，我们寻找决定（往往通过规范伦理理论来反思）普通生活中相关实践决策正确的道德判断。例如，这里我们可能探究死刑、堕胎、认知增强或全民医保（single-payer healthcare）是正确的还是错误的。

元伦理学则相反，会面对更多抽象问题，我们试图理解当我们做出伦理判断时在做什么，并将这种理解与我们关于实在的本性、语言的意义、行动心理学、知识的可能性，以及相关主题的其他哲学观点整合起来。例如，当我们回答本章第四段的伦理问题时，元伦理学工作者会好奇：对于实在的本性，我们能提出客观性主张吗？评价性态度的表达是像偏好这样的吗？关于我们如何共同生存，一些以上组合或一些完全不同的事务，我们能达成共识吗？如果我们将规范伦理学和应用伦理学都视为伦理学的"一阶性"事

---

[1] 在这本书中，我一般交替使用"伦理"与"道德"，略微偏爱前者而非后者。然而，有必要指出，一些学者这样区分，拉丁词源上的"道德"与社会期望有关，希腊词源上的"伦理"与个人性格有关（参见 Williams, 1985，第 1 章）。这导致一些哲学工作者认为存在多种伦理准则，一些是正当的，但对任何普遍道德持怀疑态度。

务，可以将元伦理学视为对这些事务本性的"元层面"或"二阶性"探究。

本书是关于元伦理学的，即哲学的伦理学研究的一个分支，涵盖了关于伦理学的二阶问题。当我们反思批判并注意自己伦理观点的本性时，它就会出现。这意味着元伦理学不直接处理以上关于正确/错误、好/坏、高尚/邪恶等问题，而是解决当我们回答这些问题时形成的观点的地位问题。这是当代哲学中一个令人兴奋的领域，关于道德之本性长期存在的问题开始与形而上学、语言哲学、道德心理学与知识论中重要而活跃的论辩联系起来。

理解难点 1　以下哪个是元伦理学问题：（i）战争在道德上合法吗？（ii）说某事物是道德上合法的是什么意思？（iii）自枪支发明以来战争变得有多普遍？

背景

人类历史上大部分时期，包括现在，许多人认为道德源于上帝。评鉴元伦理学所探究的各种问题的一种方法是批判性地考察该思想。当然，我们可能会质疑上帝是否真的存在。但即使假设上帝存在并服从他的命令是道德上正确的，我们也可以追问：这样做之所以道德上正确，是因为它们是上帝的命令，还是说，上帝命令这样做是因为它们是道德上正确的？换句话说，假设上帝存在，是他的命令使得这样做是道德上要求的，还是说，他做出那样的命令是因为他认为服从它们是道德上要求的？在柏拉图（Plato）《游叙弗伦篇》后，这被称为**游叙弗伦两难（Euthyphro dilemma）**。对这个问题的两方面答案都表征了元伦理学的观点。一方面，道德可能被视为由上帝的意志创造，难以独立于上帝意志的判断行动、人与制度的标准。另一方面，道德可能被视为判断行动、人与制度的独立的标准（如果上帝存在的话，他很擅长识别这些标准）。

这两个答案都不令人完全满意（这就是被称为两难的原因）。如果上帝的命令创造道德，那道德是不是显得有些随意了？如果上帝命令的是自私而不是仁慈，那么根据这种观点，自私而非仁慈将是道德上善的。然而，对许多人来说，似乎道德行动本身就是善的，不是因为与某人（即使是上帝）的命令有关系。另一方面，如果道德是一个独立于上帝命令的标准，那么它从何而来呢，是什么让我们认为它对我们的生活有某种（甚至是最高的）权威呢？

这个具有挑战性的问题可能导致人们走向道德怀疑主义。在《理想国》第一卷，柏拉图的饰角色拉叙马库斯（Thrasymachus）主张我们通常认为的伦理上正确的事物——事实上——倾向于促进社会中强者的利益（例如，偿还债务，尊重他人财产，不撒谎，等等）。他的观点是道德在根本上没有基础，因为它是一种有害的意识形态，在人类社会中出现是因为对控制人有用。相反，在《理想国》第二卷中，柏拉图的饰角格劳空（Glaucon）捍卫了一种更乐观的观点，主张道德是人类的约定（convention），其基础是有助于解决在和平与合作的社会中共同生存的困难。你觉得谁是正确的，色拉叙马库斯还是格劳空？

有意思的是，柏拉图主要的饰角苏格拉底（Socrates）拒绝这些观点，在《理想国》的其余部分，苏格拉底认为道德是一种判断行动、人与制度的客观并且永恒的（eternal）标准。

我们在《理想国》那里发现的这一系列观点表征了当代元伦理学关键的一段历史渊源。其他渊源可以在休谟（Hume）、康德（Kant）与尼采（Nietzsche）那里找到。休谟著名的论点是，理性是激情的奴隶，他将道德的核心定位于自然的人类情感，被我们社会合作的独特模式所需要。相反，康德强调理性，尤其是实践理性，他认为这是通达伦理普遍真理唯一可能的路径。尼采认为道德是人类建构的偶然产物，他认为欧洲文化中占主导地位的道德的起源应使我们怀疑其对我们如何生活的权威性。在本书中我们将考察类似观点，试图找出支持和反对接受元伦理学理论的各种考虑因素。

四个核心难题

通过简要考察一些历史上的思想，我们已经看到道德本身的五种广义的元伦理学观点：（i）来源于上帝；（ii）一种有害的意识形态；（iii）根植于促进合作的道德情感；（iv）评价行动、人与制度的自我确立的理性标准；（v）起源可疑的社会建构。我们将看到这些观点在当代理论中的残留。但要恰当地评估这些理论，将混杂于道德来源与本性的四个不同难题区分开来将是有帮助的：

- 关于伦理事实与属性的本性（nature）、与存在（existence）的问题。
- 关于伦理知识与分歧的问题。
- 关于伦理语言的意义与使用的问题。
- 关于面向行动的伦理思想与推理的问题。

在接下来的章节中，你将对这些问题有更多的了解，但在这里我将简要介绍一下它们。

第一组问题，伦理学与**形而上学**产生联系。在当代哲学中，通常认为摩尔（G. E. Moore）的《伦理学原理》（1903）将二阶性的元伦理学研究从一阶性的规范伦理学与实践伦理学中区分出来。在该书第 1 章摩尔着手界定伦理学的主题，他主张我们需要确定"善"这个词的指称是什么——也就是确定什么是善？当然，我们也可能会问：什么是正确；或什么是美德？这些都是关于伦理属性本性的问题。

我们也可以向伦理事实发问：当我们认为某件事具有善的属性，如仁慈，我们可以说仁慈是善的，这是一个事实。所以，关于形而上学的元伦理学部分，我们要问诸如：的确有这样的事实吗？或者，有没有可能的确没有善？如果存在这样的事实或属性，它们是自然的、超自然的还是其他形式？伦理事实与属性是心智—独立（mind-independent）的还是人类思想的产物？

理解难点 2 判断真假：如果上帝不存在，那么关于谋杀是否是错的不存在事实。

第二组问题，伦理学与**知识论**产生联系。许多哲学工作者认为伦理事实难以通过对世界的**经验调查**获知，所以他们建议我们必须拥有一种特殊的**直觉**官能来获知什么事物是善的 / 正确的 / 高尚的，等等。然而，其他哲学工作者颠覆了这一论证，如果伦理主张难以被经验调查验证，那么当我们有分歧时无法确定谁的直觉是正确的，所以伦理学必定不是真正发现事实的事业，而是表达我们的情绪。这一理论争论引发了一系列有趣的问题，关于伦理知识的可能性与本性，以及道德分歧的地位。

第三组问题，伦理学与**语言哲学**产生联系。摩尔追问"善"一词的指称是什么，但这在语言哲学中提出了三个问题：

1. 对一个语词来说，指称某事物意味着什么？

2. 一个语词表达的概念或思想是什么？

3. 为什么说我们应该认为语词"善"与善的概念指称某事物？

更一般地说，一些哲学领域中有一种倾向，认为陈述句的主要作用与陈述句所表达的思想是表征实在（reality），一个语句和它所表达的思想正确，只有在实在确实如它所表征的情况下。语句"爱丁堡目前阳光灿烂"让这一点尤为可信，我们可能会认为它表达了一种关于天气的信念，因而是对爱丁堡天气的描述。接下来的关键问题是，我们是否也这样看待伦理语言。当有人说"豪根违反她和脸书的保密协议是错误的"，他们在表达关于该行动是错误的信念，从而描述了道德实在吗？有些哲学工作者不这么认为。例如，艾耶尔（A. J. Ayer，1946）主张它们表达了情绪反应，黑尔（R. M. Hare，1952）将伦理语句视为**规约（prescriptions）**，我们经常用祈使句来传递的一类事物。我们会看到，这些思想提出了如何解释意义的重要问题，尤其在意义的综合性理论中扮演的角色。他们还提出了关于语言与心智之间关系的重要难题。

理解难点 3　以下哪一项可能表征其他事物：（i）伦敦市地铁交通图；（ii）选票上的 X；（iii）篮球比赛的实况直播？

最后，第四组问题是伦理学与**心灵哲学**产生联系。无论我们关于道德实在的存在与本性，以及对伦理语言意义的解释有什么观点，我们想知道人们做伦理判断时的心智是怎么样的，如何看待从伦理判断到行动的推理过程。不像关于普通（ordinary）事实的判断（如爱丁堡一百年前的天气），道德判断看起来与我们去行动的动机密切相关。

这至少在两个不同的意义上是正确的。首先，通常情况下，某人真诚地做出判断他们应当做某事，我们可以期待他们这么做；如果他们不这么做，我们渴望得到一个解释。也许他们改变了主意，屈服于意志软弱，被情绪压倒。其次，我们倾向于认为伦理事实（如果存在的话）提供去行动的理由。也就是说，如果某件事对你来说在伦理上是正确的，那就是你去做这件事的一个很强的理由（甚至是一个决定性的或压倒性的理由）。一些哲学工作者认为，这是真的，即使你没有意识到这样做是正确的，或者即使它与你想要做的事情没有任何联系。理由是关于做什么事的从前提到结论的推理。所以，伦理与理性之间的第二个联系提出了一个实践理性理论中的重要问题：怎样才能让一个东西成为我们去做一件事的理由？这个东西如何承载关于进行什么行动的从道德考虑到结论的推理？

在第 1 章，我将分别呈现这四组问题的更多细节，尝试提出一个"概念工具箱"，用来绘制元伦理学的理论谱系。也就是说，我们将开始理解来自形而上学、知识论、语言哲学与心灵哲学的若干不同概念，并用它们来解释元伦理学中发现的主要理论。通常一个元伦理学工作者对上述关键问题的回答，由他对其他问题的回答驱动，我们一般通过**一种理论的成本—收益分析**来评价元伦理学理论。

就像一个人可以权衡不同家庭度假的成本与收益，或者政府可以权衡各种税收政策的成本与收益，我们哲学工作者可以权衡不同哲学理论的成本与收益。这些通常由支持该理论（收益）的积极理由重于批评该理论（成本）的消极理由构成，与两个方向上更多的论证。在元伦理学中，不同的哲学工作者会对形而上学、知识论、语言哲学与心灵哲学中的理论承诺附上不同的成本与收益，通过根据各种理论在这四个领域中的承诺来描述这些理论，我们将从什么激发哲学工作者支持与捍卫这些理论承诺开始理解。

重点 元伦理学是形而上学、知识论、语言哲学与心灵哲学应用于伦理学的研究。

7　四种主流理论

第一个理论传统是我们将在第 2 章讨论的**自然主义**。哲学上通常认为自然世界存在，这广为人知。当然，就像其他思想一样，该思想会发生改变，但在元伦理学中，为了研究道德是否适配自然主义世界观，我们通常假设这是正确的。许多哲学工作者都这样认为，他们通过对道德的本性与来源的独特解释来支持该结论。

在一些实例中，该思想以这样的方式被坚持，试图将伦理事实"还原"为更为普通的自然事实，如能够被广义的经验科学方法发现。在另一些实例中，该思想以这样的方式被坚持，解释为何仔细的道德反思鼓舞我们拓宽关于自然所包含的事物的概念，如纳入伦理美德与道德价值。无论哪种方式，如果元伦理学自然主义是正确的，那么伦理语句是对自然世界的表征，其中一些伦理语句是正确的。

在第 3 章，我们将转向**非自然主义**。该观点的支持者怀疑伦理事实可还原或适配能够被经验科学发现的事实类型。这些哲学工作者认为伦理事实的**绝对（categorical）**理由给予力量，使之完全不同于自然事实。但是，有点令人困惑的是，非自然主义者拒绝伦理事实是由上帝命令创造的超自然事实的一类。元伦理学非自然主义的动力通常是，道德是重要的，而且是客观的，还有语言 / 心智或道德心理学中的特定承诺。它与我们如何获得伦理知识的独特观点相搭配。看起来它要求一个我们如何解决道德分歧的具体解释。

理解难点 4　如果某人认为"一个行动是否正确取决于是否是上帝的命令"，那么他们属于——自然主义者、超自然主义者还是非自然主义者？

我们将在第 4 章讨论第三个观点，实例之一是**错误论**。哲学工作者支持该观点，赞成非自然主义者的主张，伦理语句旨在表征独特的、重要的且客观的事实，完全不同于广义的自然主义世界观。但他们也接受广义的自然主义世界观，这引领错误论者主张不存在客观的"就在那里"（out there）的伦理事实。这意味着该观点是**反实在论**的一种。由于他们是道德反实在论，走向貌似激进的结论，

许多直觉上正确的普通伦理陈述是假的（false）。

为了让他们支持反实在论的方式更容易被接受，错误论者通常主张这些伦理陈述之所以是假的，是因为伦理思想与话语依赖一个根本性的但可解释（*explicable*）的错误：通常我们认为知道事物是正确/错误或好/坏，那是因为我们以一些可解释的方式被欺骗或被误导（如色拉叙马库斯所言）。**虚构主义**接近这样一种观点，伦理思想与话语涉及一类有用的虚构。虚构主义者认为，当我们参与到普通伦理话语中时，已经在使用一类有用的虚构（客观的道德），而不是被欺骗与被误导。

在第5章，我们仔细讨论**表达主义**。基本方法源于语言哲学和心灵哲学，伦理语句的核心功能不是表征一种独特的实在，而是表达一种独特的心理状态——人类动机心理学的独特图景。基本思想是伦理判断是对行动的一种情绪性负载刺激或约束，而不是事物如何存在的图景。

正因如此，相较错误论者与虚构主义者，表达主义者走向反实在论的另一种类型。由于表达主义者认为我们的伦理判断并不旨在描述实在，他们会坚持普通人做出普通道德判断的时候，没有涉及形而上学错误或假装。这在某些方面有吸引力，对我们为什么认为"曝光极度有害的公共政策是道德上正确的事情是一个事实"或"我知道贫困是道德上错误的"提出了不同的问题。

理解难点5 以下哪些表达了心理状态：（i）脸红；（ii）睡觉；（iii）在墙上乱涂乱画；（iv）击掌；（v）你对这个问题的回答？

结　论

对四个主要难题与四种主流理论的讨论使我们能够（在第6

章）通过一个表来概括元伦理学理论谱系的核心，在表中我们勾勒了每个理论在这些问题上的立场。这里讲两个重点。

首先，在对元伦理学主要理论运用成本—收益分析之前，给读者关于这些理论断层线足够的理解是有帮助的。例如，你可以对诸如"对伦理事实的任何自然主义还原如此可靠，足以接受其关于道德动机的心灵哲学中的竞争性观点吗？""非自然主义者对非自然属性的承诺值得无区别对待伦理与非伦理语言的意义吗？""表达主义在道德心理学与形而上学的地位对接受它在语言/心灵哲学与知识论中的反直觉承诺是一个有吸引力的理由吗？""自然主义世界观如此可靠，以至于能够将道德的基础视为形而上学上的错误或出于方便的虚构吗？"这类问题给出自己的答案。

其次，我们的表也会暴露出一些漏洞，这让我们疑惑，在这四个主要问题中，是否难以有更多的理论来应对不同承诺系列。因此在第7章，我简要介绍一些难以在四种主流理论中获得精确分类的当代理论，因为它们似乎这样做了。然后，在第8章，我将探究几个突出的难题，传统元伦理学错误地忽略了它们。这些前沿论题对我们拓展和完善元伦理学方法形成了挑战。

重点　我们考察了非自然主义、表达主义、错误论/虚构主义与自然主义四种主流理论。但在本书最后将考察其他理论可能性与问题。

章节总结

- 伦理学的哲学研究可以划分成三个领域：规范伦理学、应用/实践伦理学与元伦理学。
- 元伦理学不考虑什么是正确/错误、好/坏、善良/邪恶的一阶问题，而是追问关于"道德本身"（status of morality）

的二阶问题。

- 元伦理学反思的四个核心领域是形而上学、知识论、语言哲学与心灵哲学，作为更一般的哲学领域，它们每个都适用于具体伦理思想与话语。
- 本书围绕四种主流理论展开：自然主义、非自然主义、错误论／虚构主义与表达主义。

问题研究

1. 用你自己的语言解释规范伦理学与元伦理学的不同。
2. 问"脸书是否做错了"和问"错误的本性"，两者有何区别？
3. 当涉及道德形而上学时关乎什么？
4. 什么是道德心理学？
5. 你认为大多数陈述性语言是对实在的表征吗？还有其他选择吗？
6. 你认为正确与错误总有客观上正确的答案吗？

资源拓展

10

- Chrisman, Matthew. 2014. "Morality: Objective, Relative, or Emotive" In *Philosophy for Everyone*, edited by Mathew Chrisman, Duncan Pritchard, et al. Routledge.［一章篇幅介绍道德本身的问题，是哲学慕课导论的基础：www.youtube.com/watch?v=R7gHPXnVmac&index=15&list=PLwJ2VKmefmxqgjDHRppT_jnqEXuKLmKY6。］
- Mcpherson, Tristram, and David Plunket. 2018. "The Nature and

Explanatory Ambitions of Metaethics." In *the Routledge Handbook of Metaethics*, edited by Tristram McPherson and David Plunket. Routledge. [对当前学术哲学进行的元伦理学研究的高级描述。]

- Miller, Christian. 2015. "Overview of Contemporary Metaethics and Normative Ethical Theory." In *Bloomsbury Companion to Ethics*, edited by Christian Miller. Bloomsbury Academic, pp. xiv—lii. [对规范伦理学与元伦理学更具拓展性的介绍。]

- La Follette, Hugh (ed.). 2021. *International Encyclopedia of Ethics*. Wiley-Blackwell, online, http://onlinelibrary.wiley.com/book/10.1002/9781444367072. [一本非常全面的百科全书，由该领域的顶尖研究人员介绍伦理学论题。]

- Sayre-McCord, Geoffrey. 2014. "Metaethics," In *The Stanford Encyclopedia of Philosophy* (Summer 2014 Edition), edited by Edward N. Zalta. http://plato.stanford. edu/archives/sum2014/entries/metaethics.

- Will Wilkinson interviews Geoffrey Sayre-McCord on Metaethics, http://blog-gingheads.tv/videos/1562.

理解难点的答案

QU1：（ii）是一个元伦理学问题，因为它不是关于哪个特定的伦理判断是正确的，而是关于什么是正确的。（i）是一个应用伦理问题，但（iii）不是伦理问题，而是历史问题。

QU2：一些神命论者认为这是真的，但如果一个人认为伦理事实独立于上帝的意志，就可以始终如一地认为它是假的。就像无神论者可以相信草的颜色的事实独立于上帝的意志，无神论者可以相信谋杀是假的这一事实独立于上帝的意志。对那些认为事实就是这样子——由科学发现，或关于我们自己对世界的主观反应，或只是某种意义上的"事实"——的人来说，这是一个有趣而困难的问题。

QU3：它们都表征某事物，尽管方式略有不同。例如（iii）是最接近哲学工作者一般认为的陈述句，表征实在。

QU4：它们是超自然主义者。我们可以将超自然主义者纳入非自然主义者范畴，结盟后可反对一个行动正确与否取决于是否拥有某些自然属性的自然主义观点。然而，摩尔非常有影响力的论证也反对了行动正确与否取决于是否拥有超自然属性的观点（如来自上帝的命令）。所以通常保留"非自然主义"来指称那些拒绝伦理属性是自然或超自然的观点。

QU5：（i）（iv）与（v）都有趣地以不同方式表达心理状态。如果你用它或其他陈述回答该问题，那就是哲学工作者将语言行为视作我们表达思想的最好例子。表达主义者认为，当一个陈述在内容上是伦理的，心理状态一定有意义地不同于我们一般用陈述表达关于实在的信念类型的心理状态。有必要指出（iii）是模棱两可的。如果这些涂鸦为了传达某种东西（无论是一种感觉还是一种想法）被创作出来，它们可能是表达性的，但如果它们只是意外结果，就难以表达心理状态。

参考文献

Ayer, A. J. 1946. *Language, Truth and Logic.* 2nd edn. London: V. Gollancz Ltd.

Hare, R. M. 1952. *The Language of Morals.* Oxford: Oxford University Press.

Moore, G. E. 1903. *Principia Ethica.* Cambridge: Cambridge University Press.

Plato. 2002. "Euthyphro." in *Plato: Five Dialogues*: Euthyphro, Apology, Crito, Meno, Phaedo, translated by G. M. A. Grube. Indianapolis, IN: Hackett.

Plato. 2004. "Republic". In *Republic*, translated by C. D. C. Reeve. Indianapolis, IN: Hackett.

Williams, Bernard. 1985. *Ethics and the Limits of Philosophy.* London: Routledge.

第1章

四个核心难题

在这一章，我们将讨论四个核心难题的更多细节，任何完整的元伦理学理论对之都有立场，简言之，它们是：

- 形而上学方面的问题，关于伦理事实与属性的存在与本性。
- 知识论方面的问题，关于伦理知识的可能性与伦理分歧的本性。
- 语言哲学方面的问题，关于伦理语词与语句的意义与表达性角色。
- 心灵哲学方面的问题，关于伦理思想与行动之间的联系。

正如我在"导论"中所言，伦理学的哲学研究在这些问题上关联其他哲学领域。因此，我们可以将元伦理学视为伦理学的一个分支，试图回答形而上学、知识论、语言哲学与心灵哲学应用于伦理学产生的问题。因此，在本章结束时，我们将提出一个"概念工具箱"，在后面章节探索各种元伦理学立场相互关联的理论承诺时使用。

在开始前提醒一句：该章包括大量学术术语，听起来可能相当费解。在我们继续前行的过程中我会解释这些术语，解释它们在元伦理学中被普遍用于标记某些问题上的竞争观点之间的核心区别。然而，所有黑体术语会出现在本书末尾的"术语表"中。所以，这有助于你在后面章节理解这些技术性术语标记的区别，如果你忘了某个术语的意义，可随时查阅"术语表"。

关于伦理学与形而上学的问题

形而上学是这样一个哲学领域，研究实在的本性。什么类型的事物是实在的，它们是什么样的，它们之间又如何关联起来？形而上学工作者可能对个体（例如，自由女神像）、共相（例如，一尊雕像）和事物的构成之间（例如，雕像仅仅是其属性的组合吗？）的差异感兴趣。与伦理学更相关的是，形而上学工作者通常对所有事实是否可以还原为物理世界的事实，或它们本就对非物理事实感兴趣。无论我们是否明确我们是有意识的，形而上学工作者都会怀疑我们的意识能被纯粹生物学解释。再举一个例子，我们每天都使用数学，但有人可能怀疑数字是否存在。这些都是形而上学研究的难题。

更一般地说，形而上学关于实在、本性与各种事物如个体、属性、数字与事实之间的交互关系。当形而上学结合伦理学，往往关注表面上的伦理属性与事实的形而上学问题。在 20 世纪元伦理学的一份基础性文本中，G. E. 摩尔假定作为属性善（goodness）是实在的，然后质疑善是自然的（最终主张其自成一体，因而难以还原为任何其他类型的属性）。然而，讨论属性通常可以转化为讨论事实。所以，在接下来的内容中，为了讨论的一致性，在伦理事实意味着某事物拥有一个伦理属性的简单假设下，我将更关注事实而非属性。

为了回应伦理实在的本性这类形而上学问题，元伦理学工作者通常勾勒三种区分（这是一个关于它们究竟如何联系的有理论争议的问题）：

- 自然的 vs 超自然的 vs 非自然的。
- 可还原的 vs 不可还原的。
- 心智—依赖 vs 心智—独立。

第一个区分源于启蒙运动中一个关键的智性进步：在许多思

想家看来，对我们经验到的现象的那种一致的、可拓展的、可证伪的科学解释，看起来远好于诉诸不可观察的力量、精神与上帝的解释。正因如此，一些哲学工作者认为，我们应该意识到只存在自然事实一种实在，在这种情况下，一个事实被视为"自然的"，大概是说这类事实原则上可被科学发现。

在元伦理学的语境下，这促使我们提出问题：伦理事实是否属于自然事实，或者它们必须是超自然事实吗（例如，由上帝的意志创造）？正如我之前提到的，摩尔认为两者都不是，他使用"非自然的"来表述他的思想。（这会混淆，因为你可能认为这仅仅意味着不是自然的，但摩尔的术语不准确，所以有必要记牢元伦理学中"非自然的"意味着既不是自然的，也不是超自然的。）

第二个区分源于这样一种思想，对任何一种事实，我们可以问它们能否"还原"为其他类型的事实。并不完全清楚将一种事实还原为另一种的条件，但基本思想是目标事实由其他种类事实构成或组成。例如，我们可能认为商品价值多少钱的事实可还原为消费者愿意为这些商品支付多少钱的事实；或者我们可能认为将关于心智本性的事实还原为关于大脑本性的事实。在元伦理学中，关键问题是伦理事实能否还原为其他类型的事实。

哪种类型事实可还原伦理事实？有许多选择：任何认为物理事实穷尽了实在的人都会想知道，如果存在伦理事实，能否还原为物理事实。更常见的是，元伦理学工作者对伦理事实能否还原为自然事实感兴趣，这里有一个开放问题，难以还原为物理事实的包括生物学、社会学与心理学事实吗。然而，一些人也追随摩尔，对伦理事实能否还原为任何其他种类的事实，甚至包括超自然事实感兴趣。

前面提到的最后一个区分想要知道，道德客观性是什么样的。许多人认为，如果存在伦理事实，那么一定是人类思想的创造，而不像我们通常假定的物理事实那样独立于我们。的确，这是理解我们在"导论"中看到的色拉叙马库斯观点的一种途径。基于这种理解，什么是正确的／错误的很大程度上取决于社会上有权势的人。另一种可能更准确的解释是，色拉叙马库斯认为没有什么事物确实是正确／错误的，除了我们被教育称社会中有权势的人支持的事物是正确／错误的。这不是说某事物是正确或者错误的仅仅因为"旁观者看来"(in the eye of the beholder)，因为可能存在主体间的而非客观标准。另一些哲学工作者认为伦理事实如果存在，必定是客观的，因而最终不会依赖于特定人群的反应。

所以，这里有三个区分可用来阐明关于伦理事实是什么的不同观点。一个人关于是否存在伦理事实的观点，依赖于这个人认为伦理事实是怎么样的。大致而言，作为实在的一部分，**实在论**是一个伦理事实客观存在的话题。被视为实在论的是这样一种观点，认为伦理事实"就在那里"，有待伦理研究发现而不是被伦理研究投射或建构。[1]

反实在论可理解为对实在论的拒斥。持有反实在论的元伦理学工作者通常认为，如果存在伦理事实，必定有具体特征（例

---

[1] 如此概括实在论的一个缺陷来自这样的事实，大多数元伦理学工作者不会将极端**主观主义**观点"什么是正确的即你认为是正确的"视为实在论的一种形式。然而，如果我们假设你所认为正确的确实是"就在那里"的心理学事实，有待心理学研究发现而非投射或道德探究建构，那么即使是极端主观主义看起来也符合上述实在论的定义。关于我们的态度"客观"存在的"主观性"事实是有待发现的东西。与此相关，是否将文化相对主义观点视为实在论的一种形式有更多争议，这种文化相对主义认为"什么是正确"涉及某些文化上看待的东西。然而，再次假设关于什么是文化上看待为正确的东西是客观事实，这在之前给出的定义看来也属于实在论。另一个缺陷是，一些表达主义者会说，当某人说"谋杀是错的，是实在的一部分"，他们可能只是在表达非认知性态度而不是描述实在。目前，如果我们忽视该复杂性不会有麻烦，但当我们在第2章讨论相对主义观点，在第5章讨论表达主义的准实在论版本，在第7章反应—依赖（response-dependent）与建构主义观点时，我将重回到这些难题的焦虑上来，关于这些观点如何被解释为实在论的"软"形式，或作为尽管对实在论相当有妥协性的反实在论形式。

如，非还原的自然事实，产生独立于人们欲望的行动理由，对行动建立一个客观的规约标准，等等）。他们反对实在论是因为他们认为——通常承诺的自然主义世界观鼓动——这些事实太古怪了，难以安置于我们关于实在的完整图景。

理解难点 1　如何成为美丽的实在论者？

关于伦理学与知识论的问题

知识论是研究知识与信念辩护的哲学领域。知识论工作者感兴趣的一个主要问题是，信念还需要什么才能成为知识。几乎所有人都同意知识要求真信念，但如果有人仅仅通过猜想形成了一个真信念，不能视为知识。一个信念要成为知识，需要奠基于好理由或形成过程可靠。

当知识论与伦理学结合，实在论者需要提出一个解释，我们如何知道这些作为形而上学一部分被承诺的伦理事实。例如，如果我们赞同慈善是善的，知道该事实的条件是什么？要如何回答这个问题，某种意义上依赖于我们认为该事实是怎么样的。知道该事实就像知道一些如"2010 年世界海洋的平均温度是多少"的经验事物，或者更像理解一些如"银行员工应该穿什么样的衣服"的文化规范。

准确地讲，实在论者对伦理事实的理解是，若要知道慈善是善的，就需要相信慈善是善的，并且该信念奠基于好理由或形成过程可靠。我们的伦理信念如何实现这些？一些元伦理学工作者认为这个问题的答案与我们对非伦理信念的答案大致类似，而另一些元伦理学工作者则认为关于伦理信念的合理性需要有特殊的解释。**直觉主义**认为，我们有一种特殊的直觉官能（faculty），通过这种官能我们可以反思性地通达伦理事实。反直觉主义者寻求避免诉诸特殊官能来解释伦理知识。

通常，直觉主义要么被**基础主义**，要么被**融贯主义**的知识概念借用。前者试图展现所有知识如何建立在少数难以被怀疑的基础信念上。后者试图展现知识如何从充分融贯的整个信念体系中产生。

正如我在"导论"中提及的，艾耶尔拒绝实在论的动机之一是他认为真正的伦理知识是不可能的。他有此想法是因为他认为伦理判断难以被我们的感官确证，或从对我们概念关系的反思中逻辑地推导出来。因而他是一个关于伦理知识的**道德怀疑论者**。然而，最近一些反实在论者意识到，我们经常谈论知道某事物是正确/错误与好的/坏的。所以，即使他们拒斥实在论，也需要解释这个常见现象，这意味着即使伦理反实在论者也需要一个伦理知识解释。

一些哲学工作者拒斥实在论的一个理由是，他们相信我们可以解释，为何人们拥有道德信念，他们认为它是我们的道德态度与实践发展的产物，该解释比诉诸我们可靠地通达伦理事实更好。该观点最初的支持者是吉尔伯特·哈曼（Gilbert Harman，1977），他主张对我们在普通事实中感知信念的最佳解释是诉诸其中一些事实，以及我们对它们的认知，但是，对我们伦理信念的最佳解释是诉诸文化发展与我们的父母、老师的影响。最近，另一些哲学工作者认为，对于人类为何善于追踪关于自然环境的普通事实，虽然有演化论解释，但对我们拥有伦理信念的最佳演化论解释是，有利于我们伦理感受的基因，而不是可靠地追踪被假定的伦理实在。

澄清我们伦理判断的基础很重要，不仅仅是理论目的。道德是世界各地的人们激烈争论的一个领域。回顾本书开篇的例子，太空旅行的钱可用来拯救生命，或思考弗朗西斯·豪根违反她与脸书的保密协议，揭露公司对造成伤害的知情。回顾美国军方向乌克兰提供远程导弹的决策。关于这些行为的对错是有争议的，即使在意见一致的人群中，对单个行动的好坏也有争议。这些都是**道德分歧**的

实例，我们希望知识论理论去做的一件事是，提供一些资源来评估
这些分歧类型并推进解决它们。

重点　伦理学的形而上学问题主要关乎它们是否是伦理事实，
它们的本性是什么；伦理学的知识论问题主要关乎伦理知识（如果
可能的话）是什么样的。

关于伦理学与语言哲学的问题

语言哲学是哲学中解释有意义地使用声音与符号交流的领域。
例如，语言哲学工作者对语词如何指称世界，语词与短语之间如何
概念性地联系，语句如何表达我们的思想（以及在解释意义时这些
概念中哪一个更为基本）感兴趣。语言哲学的一个基础问题是，如
何在**语义学**和**语用学**之间划清界限——也就是说，语言的哪些方面
是约定俗成的意义编码的一部分，哪些方面是因为语言用于各种非
语言目的产生的。

语法学家通常把英语语句分为三类：陈述句、祈使句和疑问
句；按照语法标准，像"泄露公司内部文件是错的"这样的伦理语
句显然是陈述性的。然而，如我在"导论"中提及的，在元伦理学
中像这样的伦理语句在我们的语言中是否有和非伦理陈述语句同样
的功能，有相当多的争论。把诸如"草是绿的"这样的语句的意义
视为对实在的**表征**是很自然的。不是说所有这样的陈述都是正确
的。例如，"草是紫色的"这句话一般也被认为是对实在的表征。
然而，不同的是，第一个关于草的语句正确地表征了实在，所以是
真的，而第二个语句错误地表征了实在，所以是假的。

像"谋杀是错的"或"慈善是好的"这样的伦理语句也从表征
实在中获得意义了吗，或者他们可能（相反）规定了实在应当存在

的方式（即使实际上不是这样）？用一个术语来标记元伦理学观点中的区别是有益的，我会用**表征主义**这个词来指代对该问题的肯定性回答，用**反表征主义**来指代对该问题的否定性回答。

理解难点 2 考虑祈使句"关门！"是表征主义还是反表征主义的解释更可信？

我们将在这里遇到的大多数元伦理学观点都是表征主义，他们主张伦理语句表征实在。然而，接受这些观点并不能使你成为实在论者。因为你可能会说，虽然伦理语句表征实在，但简单正面的伦理语句——如"谋杀是错误的"——从未成功正确地表征实在。这就是说，也许所有这些语句都是字面上为假。这是反实在论的错误论与虚构主义形式的基础，我们将在第 4 章详细讨论。

此外，你可能会论证说，伦理语句表征实在，但可能它们表征的事实不是客观**实存**（**obtain** *objectively*）。这意味着，尽管在某种意义上谋杀是错的是一个事实，但该事实不能被设想为，作为实在的一部分"就在那里"有待我们发现而不是创造。这种可能性与我们将在第 7 章讨论的一些元伦理学新观点有关。然而，只要有人认为伦理语句表征客观实存的事实，并且其中一些语句是正确的，那么就可以归入元伦理学实在论。我们将在第 2 和第 3 章详细讨论这两种相近的实在论。

元伦理学发展反实在论的著名方法是，主张伦理语句根本不表征实在。如果我们语言中伦理语句的主要功能是做事，如规约行动或表达情绪／偏好，那么我们可以真诚地使用并且认可他人的使用，而不必承诺存在相适配的实在。这是表达主义的基础，我们将在第 5 章讨论。这种观点提出了语言哲学中两个重要难题。

第一个难题是，为了理解表达主义，我们需要理解"表达"意味着什么。就某种意义而言，每个人都应该同意伦理语句可以用来表达信念之外的心理状态。任何语句都可用来表达非信念的心理状态。例如，在正确的对话语境中，我可以说"爱丁堡阳光明媚"来表达我对爱丁堡值得旅游的表彰。然而，这并不意味着这句话不能表征实在。这类态度的表达通常被认为根据语言使用的**语用**特征来解释，而不是根据我们语言中关于语句意义约定俗成编码的**语义**规则来解释。因此，为了支持伦理语句并不表征实在而表达非信念态度的主张，表达主义者需要提出一个"表达"的语义理解。

重点　要成为一个表达主义者，你必须认为伦理语句用来表达非信念态度相较于正常使用语句表达信念在语义上更基础。

第二个难题是，对表达主义的一个著名挑战，以伦理语句在复杂语句语境中的呈现为基础。例如，"谋杀不常见，但它是错误的"这句话并不是纯粹道德的或纯粹非道德的。所以，我们应该如何理解伦理部分对整个语句意义的贡献呢。在语义学中，哲学工作者与语言学家寻找解释单个语词的意义和它们所组成的整个语句之间的系统性关系。但如果伦理语词被认为有与非伦理语词完全不同的意义，那么就不可能解释混合部分伦理与部分非伦理语句的意义。这对那些认为伦理语句与众不同的人来说是一个关键的挑战，因为它们通过其他方式而非从它们表征的实在中获得意义。

理解难点 3　在自然主义、非自然主义、错误论／虚构主义与表达主义中，哪些理论属于表征主义，哪些属于反表征主义？

关于伦理学与心灵哲学的问题

心灵哲学是哲学中试图解释拥有心智意味着什么，以及诸如意识等心理现象如何关联他物的领域。在这里我们不会过多关注这些问题，除了心灵哲学与语言哲学元素交织的一个维度，与元伦理学关注伦理思想的本性有关。哲学工作者们的共识是，诸如"草是绿的"这类普通描述性语句表征实在，是因为其约定俗成的功能是表达关于实在是什么的信念。该信念是不能够激发或辩护行动的心理状态的，所以对于伦理思想，关键问题是伦理陈述所表达的心智状态是否也是对实在的一种信念，或是关于事物的一些非信念态度，例如，如果你必须选择，你会认为语句"太空旅行是错的"表达了信念还是愤怒、谴责，或仅仅是欲望？尽管伦理语句表达信念的思想通常与表征主义密切相关，他们可能会分开，所以我们会说，那些主张伦理思想是信念的人支持**认知主义**，相反的观点是**非认知主义**。就是说，伦理思想更接近欲望而不是信念，有时候表述成伦理判断是**意动性的**（conative），而不是认知性的。

理解难点 4　表达主义者是认知主义者还是非认知主义者？

这里很重要的原因是它涉及心灵哲学中两个与元伦理学相关的维度：**行动理论**与**道德心理学**。在行动理论中，我们关心的问题有：

- 什么时候一个行动是自由的，有人对其负有道德责任？
- 什么将行动（例如，某人点头表示她赞成）与身体位移区分开（例如，某人在睡着时点头）？
- 什么将有意做某事（例如，故意用话语冒犯某人）与无意做某事（例如，说了冒犯某人的话）区分开？

在道德心理学中，我们对动机心理学感兴趣，好奇的问题诸如：

- 某人被激发去行动涉及怎么样的心理状态？
- 某人做出伦理判断与被激发行动有多接近？

关于动机的这些问题涉及元伦理学中最棘手的问题——伦理

判断与行动理由的关系。我们将在这里用几页篇幅讨论，但在本书中将多次回到这些难题。

开始之前，我们应该区分关于能动者的理由的两个重要而不同 20
的问题：

1. 促使能动者行动的实际是什么样的心理状态与过程？

2. 试图辩护能动者行动可以考虑哪些因素？

尽管这个标签有争议，前一个问题通常被认为是关于**激发性理由**的问题。其想法是，关于能动者心理的事实，将在她做出行动后对她为何做出行动提供一种特殊的回溯性解释（"理由"，无论该行动最终是否合理或道德上可接受的）。当然，用能动者大脑中的化学作用可解释为何能动者做了她所做的事情，但这并不是我们追问激发性理由想要寻找的解释类型。我大脑中血清素水平高的事实不能合理化我捐钱给慈善机构；更合理的解释是，我的信念，捐钱给慈善机构能帮助他人，而且我有欲望帮助他人。因此，激发性理由通常被元伦理学工作者理解为能动者心理状态的组合，如信念、欲望、意图、趋向、情绪等。

相较之下，后一个问题通常被认为是关于**辩护性理由**的问题。辩护性理由是这样一些事实，能动者可以引用它们，作为将要采取的行动的理由。在许多情况下，这些事实并不关乎能动者自己的心理，而关乎行动会给能动者自己与他人带来的影响。例如，帮助一个需要帮助的人可能成为我们从事慈善的辩护性（"理由"）。

重点　激发性理由是这样的思想，能动者的心理状态通常能合理化能动者的行动。辩护性理由是这样一种东西，解释对以特定方式行动而言什么是好的，通常是关于能动者所处情境与行动后果的非心理性事实。

聚焦激发性理由首先会遇到一个知名度很高的观点，行动总是

要求不同**适配方向（directions of fit）**的两类心理状态协同。G. E. M. 安斯康姆（G. E. M. Anscombe，1957/2000）对该隐喻做了著名的解释，她讨论了我们考虑购物清单的两种不同方式。如果一个女人给她的丈夫一张晚餐需要的购物清单，该清单是一个要实现的目标集合——丈夫要改变他的购物袋的状态，使它符合清单。相反，如果一个私家侦探负责记录该男人在女人给其购物清单后购买了什么，清单表明了丈夫在做什么——私家侦探要改变这个清单，使之与丈夫放在购物袋里的东西相符。

21　　更一般地说，所谓**休谟式动机理论**认为行动的激发性理由总是由一系列有待实现的目标的心理状态（例如，想吃香蕉）与去适配世界的心理状态（例如，相信香蕉在第七通道）组成。通常（尽管有争议）前者被称为"欲望"，后者被称为"信念"，这就是为什么休谟式动机理论有时也被称为**信念—欲望动机心理学**。

　　不是每个人都接受信念—欲望动机心理学，但许多元伦理学工作者接受。这就提出了一个问题：伦理判断的位置在哪里？例如，当有人判断捐钱给慈善机构是善的，由此产生的心理状态属于"信念"还是"欲望"？正如我们在上面看到的，"认知主义"在元伦理学中的使用是，伦理判断类似于信念形式，关于伦理实在如何存在，这就产生了与之相反的"非认知主义"，其观点是伦理判断类似于欲望形式，嵌入目标而不试图表征事实。[1]

　　以这种方式来理解，是什么让一个人支持认知主义或非认知主义？正如我们将看到的，有许多因素需要权衡，但这里需要留意两个显著的因素。

---

[1] 术语"认知主义"与"非认知主义"有时都被用于标记关于伦理语言的元伦理学观点之间的区别，这些观点主张伦理语句具有或不具有**适真性**，即适合评价为真或假。我认为这是一个令人困惑的用法，在当代元伦理学中已经失宠了。所以，在这里我要避免强调标记语言哲学中的关键区分，就像我在上面所做的那样，针对伦理语句意义的表征主义 vs 反表征主义而言。但是读者可能需要在阅读其他文本时记住认知主义与非认知主义的这种替代性用法。

　　首先，考虑知识。如果有人认为存在伦理知识，有人认为关于一个事实的知识要求对事实产生信念，那么这个人想要说伦理判断是认知性的，也就是说，在休谟划分的信念那边。所以伦理知识是可能的，似乎要求认知主义为真。

　　其次，另一方面，如我在"导论"中所提及的，许多哲学工作者都有一种直觉，伦理判断与动机处于一种特殊的"内在"关系中。更具体地说，他们认为无需给我们的心理额外添加欲望、倾向或情绪等心理描述来解释为何 φ-ing，除了他们的伦理判断 φ-ing 是正确的。这种观点有时被称为**动机性内在主义**。如果这是正确的，那么伦理判断似乎属于休谟划分的欲望那边。如果不是这样，那么我们必须主张（与知名的信念—欲望动机心理学相反）一些行动仅凭借信念就能激发，或者有人坚持伦理判断事实上与动机没有任何特殊"内在的"关系，该观点被称作**动机性外在主义**。

理解难点 5　判断真假：成为一个伦理思想的认知主义者将倾向接受动机性内在主义。

　　回到上面第二个问题，关于行动辩护，常见的观点是能动者以特定方式行动的辩护性理由被视为一种支持能动者以特定方式行动的考虑。然而，模糊的概括只会造成一个困难和有趣的问题：什么类型的考虑可被视为对一个行动的支持？这里我们看到了使用内在主义／外在主义术语的一个重要不同。根据有时被称为关于考虑的**辩护性理由的内在主义**观点，只有当考虑以某种适当的方式与能动者的倾向、欲望、意图或价值观联系在一起时，才能支持能动者的行动。最简单的实例是，如果一个行动（例如，喝水）将满足能动者当下的实际倾向（例如，能动者口渴），那么存在一个能动者去喝水的理由，该理由至少部分地辩护了能动者喝水。

　　然而，在更复杂的实例中，行动未能促进能动者实际与当下

22

的倾向、欲望、意图或价值观，但促进能动者在更充分或清晰地考虑事实时所具有的倾向、欲望、意图或价值观。因此，能动者在掌握更充分的信息或考虑更清楚之后，将拥有的和行动后果相关的倾向、欲望、意图或价值观的事实，根据理由的内在主义，一般仍视为理由。然而，如果有人认为一个考虑无关能动者当下与实际拥有的，或信息充分且考虑清楚的情况下拥有的倾向、欲望、意图或价值观，能够支持特定方式的行动，则视为接受了**辩护性理由的外在主义**。

这与伦理学相关，因为成为辩护性理由主要的一个候选者是伦理事实。例如，向慈善机构捐款以拯救某个遥远国家的孩子避免死于痢疾是一件正确的事情——假设这是事实——这类事情似乎可以辩护一个人做这件事是正当。但如果有人根本不关心遥远国家孩子的命运；如果如此行动难以促进他们实际或当下拥有的，或掌握了关于事实的充分信息并考虑清楚后拥有的倾向、欲望、意图或价值观怎么办？辩护性理由的内在主义倾向于说，如果这真的可能，那么该事实只是难以成为那个人做出该行动的理由。相反，理由外在主义会主张该事实仍是那个人做出该行动的理由。

在该分歧中，我们看到关于道德本性——更具体而言，关于道德是否内在地产生理由的两个竞争性观点。一方面，许多人想说，道德不能脱离人们的普通关切，道德之所以能约束我们，是因为涉及了这些关切。另一方面，对许多人来说，这种普通关切是自然选择与群体内 / 外的动态产物，不必然促进伦理上最好的东西；所以可能的情况是，伦理不受特定人群的关切约束。

23 　　**重点**　标签"内在主义"与"外在主义"在元伦理学中有两种不同的使用——其中一种是伦理思想如何激发行动；另一种是伦理事实如何辩护行动。

结　论

在这章我们已基本遍及元伦理学谱系，并介绍了许多新术语，试图展现大量我们将在后续内容中用来评估元伦理学理论的关键理论性区分。通过讨论与形而上学、知识论、语言哲学和心灵哲学相关的伦理学问题，我们已经构建了一个将在本书余下部分适用的概念工具箱。需要注意的关键区分是：

- 关于伦理事实与属性的实在论 vs 反实在论
- 伦理事实与属性的本性的自然主义 vs 非自然主义
- 伦理语言的表征主义 vs 反表征主义
- 激发性 vs 辩护性理由
- 关于伦理判断在激发性理由中所扮演角色的动机性内在主义 vs 动机性外在主义
- 伦理思想本性的认知主义 vs 非认知主义
- 辩护性理由的内在主义 vs 外在主义

在下面的章节，我将聚焦四种主流理论。可初步区分为：

- 关于道德形而上学的实在论 vs 反实在论

然后，在实在论内部，我们可以进一步区分：

- 关于伦理事实本性的自然主义与非自然主义

另一方面，在反实在论内部，我们可以进一步区分：

- 伦理语言 / 思想的表征主义与反表征主义

实在论者也是表征主义者，一些反实在论者认为伦理语句表征实在，但它们涉及一些形而上学错误或心照不宣的虚构（tacit fiction）。另一些反实在论者将他们的观点奠基于伦理语言的反表征主义概念，在表达主义思想中表现得最为突出，伦理陈述表达了非信念态度（见图 1.1）。

24

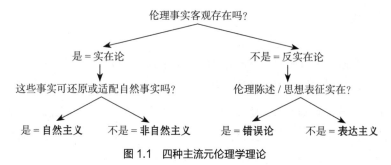

图 1.1　四种主流元伦理学理论

　　在对理论谱系的这种划分方式中，我们首先用形而上学和语言哲学来划分四种主流的理论家族。然后我们增加来自知识论和心灵哲学的考虑，要么为理论提供进一步的支持，要么揭示它的一些问题。

　　但这不是刻画主要元伦理学理论谱系的唯一方式，我们也可以从心灵哲学与知识论中的问题出发来描述，如图 1.2。

　　我们将诉诸形而上学与语言哲学来支持或批评谱系上的各种理论。最终将所有元伦理学理论的实例都纳入这样的组合：

25

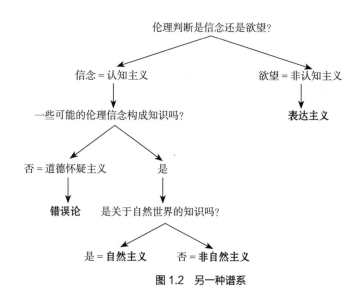

图 1.2　另一种谱系

- 对其在形而上学、知识论、语言哲学与心灵哲学中具体承诺的积极论证
- 反对该难题与其他竞争性承诺的消极论证
- 试图回应对积极承诺的反对与支持。

在以下章节，我们将依次详细探究元伦理学理论四大主线，尝试更充分地理解它们，从而评价元伦理学文本中的这些积极与消极论证，以及主要的反对意见与回应意见。

章节总结

- 实在论者不同意反实在论者关于伦理事实是否客观实存的形而上学问题。
- 在道德知识论中，一些哲学工作者是怀疑论者，在非怀疑论中关于伦理信念的辩护概念有直觉主义与融贯主义之争。
- 成为一名伦理反表征主义者并且避免（或至少改变）伦理信念如何被辩护问题的一种途径是，拒斥伦理语言的表征主义观点而支持反表征主义，常见于表达主义。
- 动机心理学中的信念—欲望（或休谟式）常应用于元伦理学提出问题，伦理判断在行动的激发性理由中是否扮演了信念或欲望角色。一个人对这一点的看法将受到他对道德判断是否如动机性内在主义那样与动机内在联系的影响。
- 辩护性理由被视为支持能动者以特定方式行动的考虑。辩护性理由的内在主义与外在主义的分歧在于，为了给行动提供辩护性理由，是否将考虑与能动者的关切（实际或潜在）联系起来。

26

问题研究

1. 你想要通过这门课程。该事实是自然还是非自然事实？能还原为其他类型事实吗？是心智—依赖还是心智—独立？
2. 考虑某事物你相信道德上是错误的，如何辩护该信念？
3. 语句"太阳在早上升起"表征实在吗？
4. 激发性理由与辩护性理由之间的区别是什么？
5. 动机性内在主义的潜在反例是什么？
6. 思考"太阳在早上升起"是心智—依赖吗？解释你的回答。

资源拓展

- Alvarez, Maria. 2016. "Reasons for Action: Justification, Motivation, Explanation," In *The Stanford Encyclopedia of Philosophy (Summer 2016 Edition)*, Edward N. Zalta (ed.), http://plato.stanford.edu/archives/sum2016/entries/reasons-just-vs-expl/.［介绍激发性理由与辩护性理由的区别。］
- Dan Boisvert, John Brunero, Sean McKeever, Russ Shafer-Landau, and Eric Wiland. 2015. "Important Technical Terms in Ethics." In *Bloomsbury Companion to Ethics*, edited by Christian Miller. Bloomsbury Academic.［一个有用的伦理学和元伦理学中使用过的理论术语汇编。］
- Finlay, Stephen. 2007. "Four Faces of Moral Realism," *Philosophy Compass 2 (6)*: 820—849.［对元伦理学中实在论与反实在论的区别进行了更深入的探讨。］
- Finlay, Stephen and Schroeder, Mark. 2017. "Reasons for Action: Internal vs. External," *In The Stanford Encyclopedia of*

Philosophy (Winter 2015 Edition), Edward N. Zalta (ed.), http://
plato.stanford.edu/archives/win2015/entries/reasons-internal-
external/.［介绍了理由内在主义与外在主义。］

- Smith, Michael. 1987. "The Humean Theory of Motivation,"
  Mind 96 (381): 36—61.［动机心理学中对休谟式信念—欲望
  解释的经典阐释与辩护。］
- Tiberius, Valerie. 2014. *Moral Psychology: A Contemporary
  Introduction*. Routledge.［全书都是对道德心理学的介绍，涉
  及最新的科学发现。］
- Zimmerman, Aaron. 2010. *Moral Epistemology*. Routledge.［全
  书都是对道德知识可能性的辩护，触及了怀疑论的许多
  理由。］

理解难点的答案

QU1：基于上述文本的定义，实在论者认为关于什么是美丽
的事实客观存在。这意味着美丽不仅存在于旁观者眼中，而且是一
种标准，我们可以根据它来判断美丽的事实正确或错误。

QU2：祈使句看起来规约了行动而不是在实在中描述事物，
所以，反实在论者的观点"关门"更可信。即：如果你认为道德语
句是规约性而非描述性的，你可能倾向于支持反实在论的观点。然
而，继续往下读，你会遇到一些反对该想法的人！

QU3：非自然主义、错误论／虚构主义与自然主义是表征主
义理论，因为他们都主张伦理语句表征实在。表达主义是反表征主
义理论，因为主张伦理语句表达规约或态度而不表达关于实在的
信念。

QU4：表达主义者在语言哲学中的反表征主义立场，通常奠

基于心灵哲学中伦理思想的非认知主义观点。

QU5：错误。一个认知主义者可以是动机性内在主义者，也可以同时是动机性外在主义者。在一些实例中，承诺动机性内在主义导致一个人接受非认知主义。我们将在下一章探讨该论证的更多细节。

参考文献

Anscombe, G. E. M. 19 57/2000. *Intention*. Cambridge, MA: Harvard University Press.

Harman, Gilbert. 1977. *The Nature of Morality: An Introduction to Ethics*. New York: Oxford University Press.

第2章

自然主义

自 17 世纪以来，科学家们就接受了我们可以通过检验假设发现并解释实在的思想，假设是可通过他人证伪的。该思想用来诘难许多神秘、迷信与教条的观点。通过这类诘难，我们开始理解之前许多神秘现象，逐渐发展出一幅关于实在及其运作的非常丰富的科学图景。有鉴于此，许多哲学工作者现在接受一个自然主义本体论教条。该教条认为实在是事实的集合，（至少在原则上）通过科学方法的可共享、可重复的经验特征来发现和解释。如果一个人接受本体论自然主义，认为一些事物确实是正确 / 错误的、好 / 坏的，等等，似乎不可避免将伦理事实定位为自然事实的一类。该思想就是**伦理自然主义**。伦理事实的实在论思想是伦理事实是实在的一部分，确实"就在那里"是被发现的而不是被创造的。该思想用来支持这类事实适配其他自然事实的自然主义思想。

所有伦理自然主义者面临一个严重挑战。从表面上看，伦理事实似乎不能运用科学可发现、可解释。概言之，当我们想知道什么是道德上应当去做的，一般不会去问物理学家、化学家或生物学家。而且，似乎难以通过经验研究发现什么是道德上有价值的。在这章，我们将研究伦理自然主义尝试努力回答这一挑战的四种方式；第五种方式将在附录章节中呈现。

尽管这些伦理自然主义版本的重点与策略之间有关键差异，不同部分可以组合。所以如果你倾向于捍卫伦理自然主义的一个版本，你会想要去思考你发现的元素中哪个是最具吸引力的和最有说服力的。

重点 伦理自然主义是这样一类实在论，认为伦理事实可以还原为自然事实或适配被我们视为构成了自然世界的事实类型。

---

30 ## 道德演化（evolution of morality）

早期现代哲学工作者如托马斯·霍布斯（Thomas Hobbes）、大卫·休谟（David Hume）、简-雅克·卢梭（Jean-Jacques Rousseau）不将伦理规范视为永恒的事物。相反，他们假设人类历史上有一段类似"前道德"（premoral）的时期，然后提出问题，人类如何发展出我们现在视为道德的那种通过规范管理（norm-governed）的实践特征。这些哲学工作者每人都提供了一个重要的独特的回答，我们甚至不清楚，是否应该把它们全部解读为捍卫当代元伦理学工作者所说的伦理自然主义。但这里的重点是，他们的基础方法论预设鼓舞了一些元伦理学工作者提出伦理自然主义的演化论（*evolutionary*）。

伦理自然主义的演化论进路的核心思想是认为一些事物的确是正确／错误的、好／坏的，但主张关于这些事物的事实是人类物种历史发展的独特产物。在此基础上，可以捍卫伦理事实实在论，通过这里提出的广义的科学解释，解释这些事实如何能够还原或适配其他自然事实。

这里有一个类比。各种语言规则的存在是完美的自然现象，这是可靠的，但这些规则的事实如何适配一个完整彻底的自然主义世界观？回答该问题的一种思路是聚焦语言是一种通过规则管理（rule-governed）的实践的事实，该事实是人类文化在过去漫长时间中的某个节点突然出现的。沿此思路，我们可以尝试通过研究人类物种的语言发展来理解其本性。这就是说，我们可以使用演化生物学、动物行为学与人类学的方法来研究被人类物种中的语言规则所塑造的演化、社会与文化压力。这意味着我们使用科学方法去发现语言规则的本性。

类似的，一些伦理自然主义者主张解释伦理事实如何是一种自然事实的关键在于对人类道德演化的理解。例如，帕特里克·邱奇兰德（Patricia Churchland，2011）主张我们可以将道德的发展追溯至大约 3.5 亿年前哺乳动物大脑的变化。因为哺乳动物产下的幼崽需要照顾才能生存，当他们与幼崽分离时他们演化出了经验负面感受的神经机制。基于群体中他者的反应，哺乳动物还演化出了能够感受压力与疼痛的神经机制。这种演化对向他者学习至关重要。邱奇兰德认为这些演化的关键是适应性（adaptations），使得哺乳动物具有独特的社会性。这种社会性依赖群体成员基于他们对各种隐性规范的理解而相互惩戒与奖励。迈克尔·鲁斯（Michael Ruse，1986）认为对人类物种演化路径的仔细分析表明，我们已经演化出了很强的心理倾向与同类合作，倾向于提出关于具体道德规范与责任感，以及对违反这些规范感到羞耻的思想。

演化过程并不一定按照该路径，但考虑到我们具体的生态位（ecological niche）和各种具体适应性的偶然发生，我们就是这样发展而来的。

这些是社会生物学家、演化生物学家与发展心理学家的观点，如威尔森（E. O. Wilson，1975）、约瑟夫·亨里希（Joseph Henrich，2016）与迈克尔·托马塞洛（Michael Tomasello，2016）。这些科学家运用演化生物学方法来理解人类发展，发现发展出道德是人类物种崭露头角并最终走向成功的关键因素之一。

考虑这一思想，你可能担心被我们演化意义上的先祖识别的规范（norm），诸如黑猩猩与大猩猩，甚至早期智人，与人类试

图编制的表面上的普遍原则（universal principles）中的道德规则
（moral rules）相距甚远，诸如黄金规则（Golden Rule）、最大幸福
原则或绝对命令（Categorical Imperative）。然而，邱奇兰德与鲁斯
会主张，在促进关怀他人和社会学习导致某事物的发展被识别为道
德的神经机制、生理适应与心理倾向出现之前，这仅仅是一个（演
化）历史问题。

当然，也有许多其他重要因素，如大脑尺寸增大导致早产、部
落贸易、武器的发展、向农耕生活方式转变、宗教的兴起、日益
复杂的社会性情绪的出现。生物学哲学工作者（尤其参见 Nichols，
2004；Hauser，2006；Kitcher，2011）利用前面提到的生物学家
和心理学家的观点，详细解释了这些因素如何影响神经与文化的协
同演化（coevolution），使我们从基础的哺乳动物神经奖励系统发
展出人类道德。但关键的元伦理学重点是，关于我们现在认为是伦
理规则（rules）与规范（norms）的规则及规范类型如何从人类物
种的演化中突现，我们可以讲一个科学上可信的故事。

如果我们确信该演化论故事是正确的，我们认为伦理事实是关
于规则和规范的演化，那么对于将伦理事实安置于其他自然事实我
们会有一个解释。这将是伦理自然主义的一种形式，伦理事实的实
在论试图将这些事实安置进其他可被发现并且可被广义科学方法解
释的事实类型。

理解难点 1　哪种具体科学涉及以演化论术语解释伦理事实？

在转向伦理自然主义的其他形式之前，让我们先考察以演化论
思考伦理事实的两个潜在问题。

第一个问题是傲慢笼罩着演化论思想。自然主义世界观脱胎于
启蒙运动带来的重要的科学发现，并试图提出可辩护的奠基于不同
宗教传统或地方文化习俗的伦理系统。在许多方面这是赞美。但启

蒙运动也带来了工业革命，轮番给了几个欧洲国家勘探环境与殖民世界其他大部分地区的技术手段。结果是，许多 19 世纪欧洲血统的知识分子开始接受有害的**社会达尔文主义**意识形态。这是世界上有权力的人们的思想，他们的文化自然是最好的，因为他们最适应生存与繁衍。另外，许多 20 世纪的知识分子默默接受了一个环境危险的意识形态**生态霸业（ecological supremacy）**。该思想认为自然被人类正确地利用，因为我们已经演化出了控制自然以达到自己目的的智能和技术能力。

　　如果我们接受这些意识形态中的一个，可能会被诱导认为关于什么是正确/错误的与好/坏的伦理事实在根本上是关于主导性（dominant）文化或主导性物种行为规范（norms）的事实。该结论并没有得到今天任何一个元伦理学工作者的明确支持。然而，我们应该意识到这种（有时是微妙的）思维方式对一些 19 世纪和 20 世纪的伦理自然主义者的影响。我们应该注意，不要把文化或生态霸业等同于（equate）道德价值观。

　　这导致以演化论发展伦理自然主义的第二个潜在问题。对于任何将道德正确性还原为关于我们已经倾向于接受的规范的事实的提议，我们总是能够追问，这些规范是否确实是道德上正确去做的事情。尽管有演化论方面的理由，我们倾向于将人划分为两类——男人与女人——基于生殖器官与文化角色，但这显然不足以表明这种实践在道德上是有价值的，不是吗？或者人类吃其他动物可能有演化上的原因，但这是不是道德上正确的生活方式还不清楚，不是吗？

　　这些问题的可理解性（intelligibility）使得一些元伦理学工作者认为，在演化论能够解释的规范和真正的道德规范之间总是存在鸿沟的（这是我们将在第 3 章讨论的"开放问题论证"的一个版本）。更进一步而言，尽管神经科学实验、社会心理学理论发展与动物行为学观察有助于解释我们演化出道德判断的方式，一些元伦理学工作者（参见 Appiah，2008 与 Berker，2009）认为这难以表明这些判断确实追踪实在伦理上最重要的特征。基本的反对意见很简单：演化论支持低成本地回应威胁生存与繁殖的挑战，没有理由认为这总是符合对道德做出正确的判断。这是**演化诋谤论证**（evolutionary debunking argument）的一个版本。其思想挑战了所有伦理实在论，人类是如何演化的以至于能够对道德做出可靠判断？道德被认为是一套客观有效的规则，不受任何群体的特定偏好和关切的影响。对我们知道日常生活中普通事物的能力给出这类解释是相当直接的，但对我们知道道德规范的能力给出这类解释就不那么直接了。

33   后验自然主义

　　现在我们转向第二类伦理自然主义。当试图将什么是正确 / 错误的与好 / 坏的伦理事实还原为自然事实时，我们很容易认为该主题试图以自然科学研究的东西来定义相关词汇。例如，如果我们能合理地将"道德上错误的行动"定义为"被人类演化出来去关心的合作规范所禁止的行动"，那么我们就会把道德错误还原为被任意合作规范所禁止的行动，演化论认为合作规范是人类物种出现并取得成功的关键。但也招致了严肃的批评，认为那不是"道德上错误的行动"所意味的。自然主义很幸运，该定义不是将一类事实还原为另一类事实的唯一方式。一些元伦理学认为该定义对提出一种可靠的伦理自然主义而言是错误的模型。

　　为了说明这一点，这些哲学工作者提醒我们，尽管现在水等同于 H_2O 已广为人知，我们仍可以明智地（sensibly）说："我知道 x 是 H_2O，但这是水吗？"也就是说，他们在问这个问题的时候不会对相关语词语义感到困惑。这显然是在 18 世纪化学家发现水的化学结构之前英语世界人们的实际情况。人们仍然可以像今天这样明智地提问，只要他们忽略化学结构。理解"水"的意义不需要我们知道任何化学知识。知识论方面的学者会说，水的化学构成是我们**后验**发现的某种东西，即通过对世界的经验研究而不是通过对我们语词意义的**先验**反思。

更一般地说，这意味着一个属性 F 可以还原为一个属性 G，即使我们用来指称 F 的语词难以通过指称 G 的语词定义。有鉴于此，一些伦理自然主义者主张伦理属性还原为自然属性——只是不能用自然属性来定义道德属性。

理解难点 2　为何水是 H_2O 的事实难以被先验地发现？

首先需要指出，并非所有属性的还原都要通过定义，其次需要提出一种可靠的后验伦理自然主义，我们可以设想的科学确证就像化学家确证水的分子理论。我们不可能在试管里收集一堆善（goodness），然后分析其分子结构。因此，大多数后验自然主义者承认，伦理属性比水的属性更复杂，更难以分析。然而，乐观主义的一个理由来自**指称的因果理论**。该理论的基本思想是，一些语词指称个体或属性，不是因为我们将这些语词联系起来的思想，而是因为我们对这些语词的使用因果地联系于这些个体或属性。关于"正确"与"好"这样的语词，如果我们能够建立类似的联系，我们就对一种不同类型的伦理自然主义有了基础。

为了理解这一点，了解索尔·克里普克（Saul Kripke，1980）的论证是有帮助的，该论证旨在名称因果地联系个体。他的论证基于一个关于名称"哥德尔"（Gödel）的思想实验。他指出，我们可能会将各种思想加诸"哥德尔"，如证明不完备定理的数学家。然而，克里普克要求我们设想一种可能的情况，我们搞错了；另一个叫"施密特"（Schmidt）的人才是那个证明了不完备定理的数学家，哥德尔剽窃了他的证明而成名。克里普克的建议（相当有理），

34

如果是这样的话，我们不会说名字"哥德尔"实际指称施密特，因为施密特才是真正证明不完备定理的人。更确切地说，我们误解了哥德尔的数学成就。

由此，克里普克得出结论，一个名称的意义不由我们与该名称联系的思想决定，而由碰巧因果地使用该名称的个体决定。对我们的目的来说，重要的是搞清楚具体哪个人的名字叫"哥德尔"，需要在我们对该名称的使用与最初被称为（baptized）"哥德尔"的人之间的因果链条进行后验研究——而不是对我们与该名称联系的思想进行先验分析。

名称的语义学在语言哲学中是一个有争议的难题，但如果克里普克是正确的，我们认可"正确"从其与世界的因果联系中获得意义，那么应该期待理解善的本性（就像理解"哥德尔"的指称）要求一个对我们使用该术语与其指称的事物之间因果链条的后验研究。有鉴于此，一些伦理工作者认为我们不应该期待一个先验的概念分析能够为善的本性提供依据，就像我们不应期待它能够为水的本性或者不完备性定理证明提供依据一样。我们应该对什么因果地联系于我们使用伦理术语做一些经验研究，而不是寻找定义。

这是迈向**后验还原自然主义**的重要一步，该立场有时也被称为**康奈尔实在论**（由于其主要支持者任教或求学于康奈尔大学哲学系）。然而，有人可能会反对：这虽然将善还原或适配为自然属性，但仍然没有告诉我们善是什么。作为回应，后验还原自然主义者主张善可能非常复杂，而且难以精确分析。但他们指出，在我们关注的被认为有希望作为还原之候选的其他自然属性也非常复杂，而且难以精确分析。例如，我们不清楚健康或生存究竟涉及什么，但我们对这些事物所涉及的更基本的自然属性（物理、化学等）有了一些认识，进一步的科学研究有望使我们更全面地了解这些属性，以及它们如何适配自然世界。

这是理查德·博伊德（Richard Boyd，1988）思想的基础，善应被视为一簇自然属性：那些有利于满足人类需求的事物，倾向于促成合作并能彼此促进（或通过同类事物促进）。其中究竟涉及什么东西并不明显，但我们确定对这些东西有一些思想。如果这是正确的，那么也许我们只需要做更多的科学调查来充分理解善的本性。如果这是正确的道路，意味着实在论者有资格将善视为一种自然属性，就像他们有资格将健康或生命视为自然属性一样。

对后验自然主义的主要反驳来自**道德孪生地球思想实验**（Horgan Timmons，1991，1992）。其基本想法是，设想两个非常相似的世界：地球与孪生地球。两者唯一的区别是，导致规范伦理术语使用的属性有微妙区别。例如，设想地球人对术语"正确行动"的使用因果地关联于整体最大化福祉，孪生地球对"正确行动"的使用因果地关联于如此行动的理由能否普遍化（概言之，他们的分歧隐含于对什么是正确的行动持有功利主义还是康德主义立场）。然而，进一步设想，该术语在每个世界中的实践角色是相同的：认为一个行动是正确倾向于激发人们去行动，当人们明知行动正确不去做时会被责怪、惩罚，等等。

如果指称的因果理论是正确的，那么地球与孪生地球使用术语"正确行动"时指称不同的属性，因为在两个世界中该术语因果地关联差异微妙的属性。然而，从直觉上看，当地球人与孪生地球人讨论什么行动是正确的，难以看出两者在讨论不同的事情。当然，他们被设想在不同的可能世界中，所以他们难以真正交流！但看起来，如果他们彼此交流，并且就某个具体行动是否是正确的产生争议，会有真正的分歧而不是各执一词。毕竟，认为一个行动是正确的，在双方那里扮演了同样的实践角色。

这被称为道德孪生地球思想实验，因为类似普特南（Putnam，1975）著名的"孪生地球思想实验"。他的思想实验表明，如果孪生地球人对"水"的使用在因果上受到一种不同于地球人对"水"的使用的化学混合物的规制，那么我们倾向于认为他们在讨论不

同的东西，即使河流和小溪里流动的东西在两个世界中都被称为
水。特伦斯·霍根（Terrence Horgan）和马克·蒂蒙斯（Mark
Timmons）认为我们在道德实例中的直觉转向了另一边，就"正确
行动"承担相同的实践角色而言，似乎意味着同一件事，即使被微
妙不同的属性因果地规制着。霍根他们以此削弱同通过指称的因果
理论支持后验还原的伦理自然主义的做法。

重点　后验自然主义者认为伦理事实能被还原为自然事实，但
不是用自然主义术语定义道德术语，而是将伦理属性在经验上视为
能够被自然科学研究的属性。

36

新亚里士多德式自然主义

目前，我们已经考察了自然事实是一类可被科学方法发现与
说明的事实的假设，现代物理学、化学、生物学与心理学最清楚地
例证了这一点。然而，有一种源自亚里士多德的传统认为存在一种
更深层次的自然事实，通常需要相当不同的形而上学反思才能发
现。这些事实关于事物的本性（natures）。例如，我们谈论人类本
性或狼的本性。我们也讨论对一些物种与自然群居动物而言"什
么是自然的"（what's natural）；例如"粗糙的皮肤对蟾蜍来说是自
然的"。[1]

重要的思想是这些本性在某种意义上是自然的（*natural*），这
意味着关于它们的事实可以可信地被视为自然事实。这些事实不是
演化论进路所假设的人类演化的产物。它们难以被诸如物理学、化

---

[1]如何准确理解"本性"（natures）在形而上学中是一个有争议的难题。该概念相
近于"基质"（essence），但比之更狭义。

学、生物学、心理学等科学发现。但仍然有可能从被视为自然世界一部分的人类本性的事实中推出重要的伦理结论。所以如果我们能这样做，则对伦理事实如何适配自然事实的问题有了另一种回答。

我们如何从关于本性的事实是自然的这一假设中，将伦理上正确/错误的或好/坏的事实定位于自然世界？也就是说，在该思想的基础上，我们如何发展出关于伦理事实的一种自然主义实在论形式？为了回答该问题，皮特·吉奇（Peter Geach，1956）与安斯康姆（G. E. M. Anscombe，1957）主张元伦理学工作者不应该关注什么是好的就到此为止了（*full stop*），而应该关注成为一个好人需要什么。[1] 他们对该问题的回答是，使得一个人道德高尚（*virtuous*）的东西能够帮助他理解关于什么是正确/错误的与好/坏的事实的本性。例如，如果我们接受**美德伦理学**，可以说关于什么是伦理上正确/错误的事实能够还原为道德高尚的能动者会如何行动的事实，这些事实我们已经解释了，从人类本性中推出。由于在这幅图景下本性是自然的，我们将表明伦理事实如何是一类自然事实。

罗莎琳德·赫斯豪斯（Rosalind Hursthouse，1999）、菲利帕·福特（Philippa Foot，2001）与朱迪斯·贾维斯·汤姆森（Judith Jarvis Thomson，1997，2008）发展了该思想进路的更多细节。这些哲学工作者认为，通过反思其功能或（他们认为类似的）独特的生存方式（*characteristic way of living*），我们可以将善之制造

---

[1] 为了阐明这一点，吉奇（1956）区分了**表语形容词**（**predicative adjectives**）与**定语形容词**（**attributive adjectives**）。他的想法是一些"is an AB"形式的短语，A 处是一个形容词，B 处是一个名词，可以被分解为"is A and is a B"而不改变意义。在这些实例中，我们断定 B 的 A。但该形式的另一些短语被分解后难以不改变意义。在这些实例中，我们说"某事物是一个 AB"等于修饰通过 A 使用 B。在他的例子中，"是一本红色的书"断定了红色（和一本书），因而是表语性的。然而，"是一只大跳蚤"没有断定"大"，只是将"大"与其他跳蚤比较。这就是为什么"大"不是事物。现在，当我们说到"好"，吉奇认为这是定语而非表语形容词。这意味着"好"不是事物，仅当"好"作为 x，例如，刀、狼与人。

者（good-making）归属为任意事物类型。

从这出发，他们认为我们可以提出一个美德的彻底的自然主义解释，包括人类的伦理美德，这反过来将美德伦理学作为伦理事实的自然主义解释的基础。

为了看到这项工作的更多细节，首先考察**功能类（functional kinds）**，我们可以通过诉诸它们存在的目的轻松定义事物类型。亚里士多德认为，对于具有功能的事物我们可以这样确认它们的属性，通过考察什么能帮助它们更好地实现功能使之成为同类中的典范。例如，刀用来切割。当然，不是所有被用来切割的都是刀（玻璃碎片也可以切割）；但对刀来说，我们可以说使得刀成为刀的一部分——其"本性"的一部分——是能够切割。所以一把好刀要好切。（相反，一块玻璃碎片好切并不意味着它就是一块好玻璃碎片。）

有了这个基本图景，我们就可以问，刀的哪一属性能帮助它好切？（忽略不同刀在不同情况下切不同类型事物时的复杂性），一般来说，是类似锋利的事物。因此，我们可以说锋利是使得一把刀成为好刀的属性。通过考察事物本性，我们得知了什么使得它成为其同类中的典范。

理解难点 3　以下哪些属于功能类：（i）汽车，（ii）月亮；（iii）灯；（iv）人类？

理解难点 4　哪些特征使得以下功能类成为它们类型中的典范：（i）鞋子，（ii）电钻；（iii）教科书？

但是像刀这类东西的本性与人的本性之间还有很大差距。刀显然是用来切割的，但人类是用来干什么的？这里有一个重要的概念鸿沟。我们被设计出来是为了一个具体目的吗？所有人类都有一个单一的功能吗？如何回答这个问题并不清楚。这就是为什么当涉及生命体，新亚里士多德主义者重新定义有关"独特的生存方式"功

能概念。独特的生存方式的好坏可以通过各种特征（traits）来实现，就像刀（尽管比刀更复杂）因为拥有不同锋利程度而有好坏之别。

如果这走在正确的路上，看起来我们可以从植物开始，考察植物独特的生存方式，从而确定使其成为同类之典范的属性。然后我们转向动物，用同样的办法。以这样的方式认为植物与动物的"美德"是帮助它们实现它们所属类型的独特生存方式的属性。我们看到这正在接近一个新的伦理美德概念。

为了更好的理解，考察一个例子。橡树通常能长到65—130英尺。因此，使得一棵具体的植物成为一棵好橡树的属性（其他条件不变）是那些帮助其生长到65—130英尺高的属性，例如，强壮的根系，抗寄生虫的叶子等。（注意，这些属性并不被视为服务于任何特定人类目的，例如遮阳，而视为实现了使得橡树成为一棵好橡树的独特的生存方式。）

动物也类似，神仙鱼通常隐藏在垂直的岩石面上以避开捕食者并伏击猎物。因此使得一条神仙鱼成为一条好的神仙鱼的属性（其他条件不变）是帮助其隐藏在垂直岩石面的属性，例如像生长在岩石上的植物一样的纤细且有垂直条纹。（再次注意，这些属性与人类对神仙鱼的目的没有任何特殊联系，诸如在某人的水族馆里有美丽的动物；重要的是这些属性有助于实现生命体独特的生存方式。）

基于这些思想，我们可以说，成为一棵好橡树或一条好神仙鱼的属性由一系列复杂的属性构成，例如拥有强大的根系，抗寄生虫的叶子（在第一个例子中）与像岩石上的植物一样纤细且有垂直条纹（在第二个例子中）。无需成为统计意义上的共同特征才算是生命体"独特"的生存方式。在一些物种中，可能只有少数能以独特的方式活得足够老。尽管如此，只要我们能够合理地确定生命体独特的生存方式，就会有属性帮助实现；这些属性被视为能够使生命体成为其物种之典范。

这些例子的重点是，我们确定为各物种美德的属性是自然属性是可靠的。然而，它们可能被认为还蕴含了规范性事实：橡树与神仙鱼应该是什么样子？例如，尽管我们的例子过于简单，橡树应该拥有强壮的根系，神仙鱼应该拥有垂直条纹，该推论看起来是合理的。沿着该思路确保了一条新路，表明这类"应该"作为自然事实，是将规范性事实还原为自然事实。

当然，人类也是动物，这些方式意味着人类在生物学上应该是这样的。例如，人类应该有完全对称的拇指；拥有这些特征有助于我们实现人类独特的生存方式。也许这甚至蕴含对人类而言拿锤头的正确方式。但对新亚里士多德式自然主义的一个批评坚持认为，这些事实由于生物性我们可以承认它们是自然的，但很难是伦理事实。所以，如果我们得到的都是关于人类生物学上"应该的事实"，新亚里士多德主义者完全没有表明伦理事实是自然事实（或如何从关于我们本性的事实中推出伦理结论）。

新亚里士多德主义者意识到了该挑战，他们发展出了不同的进路来应对，如人类在复杂社会网络中的地位，我们有进行反思的能力，感受特定情绪的能力。例如，赫斯豪斯主张，理性（*rationality*）是人类本性的一个非常重要的特征。它使得我们有能力根据理由而非冲动行动，也让我们能够反思地支持或否定我们本性的其他特征，实际上让我们选择想要成为哪种人。

据此，赫斯豪斯认为在一些方面人类应该是特殊的。她推崇的人类应该具有的样子源自我们的理性能力。虽然这些属性仍属于帮助我们实现人类独特的生存方式的范畴，但在她看来，这些属性不仅仅是人类生物学意义上的善之制造者。它们是人类伦理上的善之制造者：我们可以合理地称为**伦理美德**。例如，借鉴我们之前讨论过的演化论，也许我们可以说，友善对待弱势群体并对违反共同体规范感到内疚或羞愧，不仅仅是帮助人类生物学上繁荣的特征，而且是可被辨认的伦理美德。

如果你跟着赫斯豪斯走到这一步，那么她认为她能够表明，如何从人类美德的自然主义概念中推出什么行动是伦理上正确与错误的事实。大致轮廓是，她通过诉诸一个有美德的人在那种情境中一般会怎么做。基本思想是，根据一个伦理上有美德的人在相关情境中一般会怎么做来解释一个行动是伦理上正确的。

对新亚里士多德式进路的一些批评担心，人类理性的特殊性会削弱赫斯豪斯作为伦理自然主义者所拥有的主张。毕竟，我们可能会承认，出于理由行动的能力将人类区别于其他动物，但许多其他能力与倾向也是如此。接受荒谬和激进的自由并全盘拒斥理性也是人类的特征。但我们一般不会认为这些特征是伦理美德。所以，我们好奇，是什么让我们的理性如此特殊。

另一个更一般的批评是，新亚里士多德主义者能否最终得到关于什么是伦理事实的一个可靠解释。毕竟，人类有许多特征，其中一些关键的甚至可能依赖我们理性的特征，激发了道德上可疑的行动。例如，发动战争，饲养动物以获取食物，掩盖出轨，仅仅因为宗教信仰支持他人，发现并耗尽化石能源，这些都是动物行为学家与人类学家可能描述的人类独特生存方式的一部分。但我们肯定会怀疑，这些对我们来说在伦理上是否是善的。这里的问题是方法论上的：如果我们想要解释伦理事实适配自然世界，但我们对伦理事实最终给出的解释与我们之前所认为的完全不同，我们可能开始怀疑这个解释是否真的是我们想要的解释。

作为回应，新亚里士多德主义者可能尝试将焦点落在我们前理论地（pretheoretically）预先接受并视为伦理上善的人类独特的生存方式上，在我们的前理论直觉与系统性伦理理论之间进行**反思平衡**。这种方法论具有许多伦理理论化的特点。然而，在确认人类伦理上善的独特生存方式时，我们面临一个重大风险，不同文化与亚文化之间会有非常多的差异，以至于没有什么可用来定义特定的伦理美德。

重点　新亚里士多德式的自然主义者试图从关于人类本性的假设中得出伦理结论。如果这些假设可以被合理地视为自然事实，那么由此产生的伦理事实将可以适配其他自然事实。

作为自然主义一种形式的相对主义

我想介绍的伦理自然主义的最后一种形式（附录中的除外）并不被视为一种元伦理学实在论，但我认为我们有充分的理由至少将某些版本的观点与本章已经学习过的实在论理论进行分类。这样做会凸显我们学习元伦理学时一个特别棘手的问题，当我们说事实是实在的意味着什么。

该观点是相对主义的一种形式。但我们必须关心我们正在讨论的相对主义是哪种形式的。人类学的一般想法是，正确／错误相对于不同"道德"或"生活方式"。通常这可能提出一个纯粹的描述性主张：不同人类群体遵循不同的规范，他们遵循的规范决定了他们认为哪些类型的事物是道德上正确与错误的。然而，这种**人类学的相对主义**还不能等同于关于伦理事实本性的观点。因为我们能够赞同人类学相对主义，却仍认为一些规范是实在性的或正确的道德规范——尽管这些规范是我们在历史进程中发展出来的，或者说尽管这些规范是所有不同文化道德之间的最小公约数。为了抵达所谓的**元伦理学的相对主义**，我们需要更进一步考虑，除了相对于这种或那种道德是行动上正确／错误的，没有什么事情是行动上绝对（*full stop*）正确／错误的。相较而言，没有绝对的合法，没有绝对的左／右，只有相对的视角或我们看到事物的观点。

如果你认为，另一类事实就看起来像是伦理和自然属性的可能候选者："关于不同人或群体的价值或规范的事实。"尽管这是关于什么是伦理上正确／错误与好／坏的事实的本性的一部分，这些事实内在地相对于不同生活方式或文化。有许多进路可以发展该思想，我们不会在这里一一考察，但我们应该指出元伦理学相对主义两个版本之间的一个区别。

第一个版本是，我们试图使这样的陈述有意义，没有什么事情是道德上绝对（*full stop*）正确／错误的，通过旁观者视角。也许婚前同居"对我"是错误的，但"对你"可能是允许的。"对于我们的文化"女性有权选择是否在公共场合戴头巾，但"对于其他文化"这种选择权被禁止。这种发展方式使得道德事实像是人们主观或主体间反应的反射或影子。因为这使得伦理事实深度心智—依赖并且非客观性，通常视为关于伦理事实的反实在论的一种形式而不是实在论。[1]

然而，发展该主张的一条不一样的路径是，没有什么是绝对正确／错误的，表明道德仅仅是所有既存规则的一部分，本性完全是自然现象，向经验研究开放，即使这些规则的应用限于特定文化与地域。例如，关于在道路右侧驾驶合法性的事实。在北美与欧洲大陆是法律允许的，但在巴西、澳大利亚与印度是非法的并不意味着相关法律不是实在的。你可以疑惑日本的法律是怎么规定的？你可以通过研究日本的法律文本来获知。类似的，享用完丰盛大餐后在桌上大声打嗝是不礼貌的——当然，这种不礼貌不是绝对的——在一些文化中是不礼貌的，但在另一些文化中不是。同样的，有些说话方式在某些英语方言中合乎语法，但在另一些英语方言中不合语法。

这些例子看起来表明了这些规则的事实可以很好地成为自然事

41

[1] 在第 7 章我们将看到反应—依赖和建构主义理论，主张存在伦理事实，但坚持主张它们并不完全"就在那里"，因为它们的本体论地位在某种程度上取决于心灵的某种实际的或假设的反应或建构。这在元伦理学中是一个有争议的难题，是否视为一种精致的实在论，不完全符合标准定义；或视为一种精致的反实在论。在第 7 章我们将视为反实在论，但我这样的讨论语境是，在最近的元伦理学论辩中一些标准范畴是不是开始以各种各样的形式崩溃。

实，我们可以通过研究在不同文化或地域大量使用的法律、社会与语言规范（norms）来发现它们。据此，元伦理学相对主义的一种形式将伦理原则（principles）比作交通、礼仪或语言规则（rules），看起来像一种关于伦理事实的实在论。当然，这种观点在该意义上否认任何客观性的伦理事实。但这里使用术语"客观性的"意指类似普遍性的（universal）事物。该术语有不同的意义，意思是就在那里独立于一个人对情境的主观（或主体间）反应而有待发现。

为了充实并捍卫作为自然主义实在论的一种形式——元伦理学的相对主义，一些哲学工作者借用了语言哲学的思想，主张关于什么是道德上正确 / 错误或好 / 坏的陈述没有意义，除非我们在陈述中设置一些深层的**隐参量（implicit parameter）**。在关于左右的问题上，几乎每个人都是相对主义者，在理解陈述"商店在街道左边"之前我们确实需要确定一些更深层的参量——你是说我们往北走时向左走还是往南走时向左走？不清楚这个问题的答案，我们甚至难以解释你说了什么。元伦理学相对主义者通常主张，关于什么行动在伦理上是正确 / 错误的陈述也是如此。

理解难点5 以下语句中的隐参量是什么：（i）桌子是平的；（ii）去休斯敦的路很远；（iii）萨拉很老了？

42　　为了理解该观点的利弊，让我们考察该观点的一些版本。哈曼（1975）主张关于什么是伦理上正确 / 错误的陈述只相对于他所谓的"共识"（agreements）才有意义。他的意思是，人类群体明晰或隐含的意图，要遵守某种时间表、计划或一系列原则，在理解他人也意图遵守的情况下，在一个类似的理解下。例如，设想两个不同的群体：群体 A "赞成" 土葬亲人，但群体 B "赞成" 火化亲人。我们应该如何理解这句陈述："不土葬死去的亲人是伦理上错误的。"哈曼的回答是，在我们知道做出陈述的相关共识之前，我

们难以理解。这通常隐含在人们说的话中，但理解其意思需要将它们填充进去。

在一个类似的策略中，大卫·科布（David Copp，1995）主张不同社会有不同的非道德价值观与需求。例如，在一些社会中，宗教仪式与礼拜被高度重视，干旱地域需要节约用水，但在另一些社会，体育成功被高度重视，通达高速公路对人口地理位置而言是必要的。这些是高度简单化的例子，但科布认为每个社会有一个非道德价值观与需求的复杂集合，这些差异在每个社会之间是有所不同的。

有鉴于此，科布主张对一个社会而言，道德准则（code）获得辩护取决于在给定非道德价值观与需求的前提下，对社会演化而言什么是理性的。有了这些思想，他开始捍卫该观点，关于伦理上正确／错误的与好／坏的陈述的真值取决于产生它们的社会。根据科布的论述，诸如"人们应该在宗教节日自由进行水上运动"的陈述不存在普遍真值。取决于如何填充复杂细节，我们可以轻易设想该陈述在之前描述的第一个社会中是真的，在第二个社会中是假的。

该基本策略的一个更极端的版本是**朴素主观主义（simple subjectivism）**。该观点认为道德陈述总是相对于人们做出判断的道德价值观。例如，根据该观点，陈述"堕胎是错误的"意思是"我反对堕胎"。这让我们接近这样的思想，堕胎对我而言是错的，即使对你而言不是错的。所以，该观点往往被解读为元伦理学理论的反实在论而非实在论。也许，这是解读一些主观主义思想的正确的方式。然而，取决于我们如何理解该观点，至少有一种方法可以将一些主观主义者归类为实在论者。这表明在对元伦理学观点进行实在论与反实在论分类时需要谨慎。

由于一些人反对一个行动的事实，难以否认，该事实关乎这个人的心智，仍可以是一种"就在那里"的事实，在被对实在的科学探究的可发现的意义上是自然的。所以，如果我们将实在论解释为存在客观性的伦理事实，并且我们不将客观性理解为"普遍性"，而是"就在那里等待发现"，那么，即使朴素主观主义也能被视为一种实在论。

哈曼与科布都认为他们更精致的相对主义观点是一种自然主义实在论。他们寻求将伦理事实还原为关于类似不言而喻的共识（implicit agreements）、价值观、需求与地域性道德规则的东西的事实。这些事实看起来是动物行为学家、人类学家、心理学家、社会学家与历史学家试图发现并解释的一类事物。

这一章为止，我已经试着激发这样一种思想，发展伦理自然主义的一种方式是致力于元伦理学的相对主义。最后，我想指出对该观点的一些重要反对意见。

首先，我们可能会担心，在礼规（etiquette）与道德规则之间存在关键差异。该差异在于，知道一个人的道德判断看起来至少部分地揭示了这个人在各种情境下倾向做出什么行动。如果你告诉我，接收来自国外战争的难民是我们和其他人道德上的义务，那么我就有理由期待你至少在某种程度被激发去接收难民。如果你看起来对此完全冷淡，我将怀疑你是否在对我撒谎或并不理解自己在说什么。礼规判断似乎并不如此。如果你告诉我，别人约你吃饭，你不回复"谢谢"是不礼貌的，我很容易认为你完全没有动机遵循该规则。你不需要撒谎或误解你所说的话；也许你只是认为我们文化（或至少这条规则）中的礼规很愚蠢。所以，即使伦理陈述被恰当地视为完全表征了自然事实（粗略地说，根据不同的规范，什么是正确 / 错误的事实），它们不可能仅仅是对这些事实的表征，就其与说话人动机的联系而言，它们明显不同于对其他文化事实的陈述，如礼规。

这种反对意见假定了**动机性内在主义**，我们在第 1 章首次碰到过的教条，主张伦理陈述可以激发行动，无需任何更深层次的欲望、倾向或情绪的帮助。该反对意见的大致意思是，没有人认为礼规判断是这样的，但有一些人认为伦理判断是这样的，并不清楚元伦理学的相对主义如何充分解释该区别。

对相对主义的一个相关的反对意见是，伦理事实（如果存在这类东西）看起来能够独立于我们的欲望与关切产生行动的（辩护性）理由，但关于礼规的事实似乎不能产生。如果从小费箱里偷钱是道德上错误的，则你有理由避免这样做——无论你是否在乎什么是道德上错误或任何相关事宜。相反，在一些文化中，一边打电话一边上厕所是不礼貌的，我们的直觉是这是事实，有理由避免这样做，但仅当你关心礼仪（或至少有些事情与之相关）。在这一点上，相对主义的伦理事实显得不会以正确的方式产生理由。"这是错的"之事实关乎一些"共识"，"不将死去的亲人土葬"不会给我一个做任何事的理由，除非我关心该共识。

重点　相对主义并不都被视为一种自然主义实在论，但如果由于伦理事实隐含相对不同（人或文化的）伦理准则共识，相对主义者将之视为非客观性的，那么这些事实仍然在被经验方法发现的"就在那里"的意义上是客观性的。在这种情况下，这可能是在自然事实中"定位"伦理事实的一条有吸引力的进路。

44

还有两个对相对主义的反对意见值得一提。首先，对相对主义的标准反对意见是，它难以恰当地理解道德分歧。可以肯定的是，哈曼的相对主义认为伦理事实是我们一起生活在共同体的人的相对化的"共识"。但是，如果来自完全不同文化的人讨论道德问题会是什么样的？就相对主义而言，除非他们在某种程度上共享一种道德，否则他们鸡同鸭讲。这提出了第二种反对意见：相对主义以这样的提议为基础，不同道德共同体的人们按照不同的道德规则生活，我们寻求任何普遍性规则是错误的。但什么构成了一个道德共同体？问题不在于我们没有与他人就如何共同生活达成不言而喻的

共识，而是对那些没有共享一个道德共同体的人们之间的界限有许多武断的划分。

结　论

在这章我们探究了伦理自然主义的四个版本，伦理事实是实在的和伦理事实是一种自然事实的教条（第五种请见"附录"）。受到启蒙运动本体论奠基于科学方法的鼓舞，伦理自然主义面临的挑战是，表明伦理事实如何能够被还原或适配可被科学发现并阐明的事实类型。根据我们的元伦理学四大论域，尝试这样做的吸引力和支持自然主义的主要论证可以区分为形而上学与知识论难题，语言哲学与心灵哲学难题。

在形而上学意义上，自然主义是一种实在论：伦理事实确实存在，作为实在的一部分。甚至伦理事实不被认为是自成一类的，所以它们是我们在自然主义世界观中已经认识到的另一种事实。对接受本体论自然主义的大多数哲学工作者而言，这是元伦理学理论的一个重要特征。更进一步说来，由于该事实是自然事实，至少有可能将我们如何知道这些事实的故事整合到一个更广义的知识论中，它解释了我们知道自然世界的所有方式。所有元伦理学理论都需要一个伦理知识解释，伦理自然主义拥有其他理论没有的解释资源。

45　　在语言哲学中，自然主义是一种表征主义：伦理陈述在表征实在上像其他事实陈述一样，它们的真假取决于实在是否如它们所表征的那样。这是因为它们表达实在是什么样子的信念，这就是为什么说自然主义在心灵哲学中归属于伦理思想的**认知主义**。同样在这里，如果该观点被表明可行，那么这是一个有吸引力的理论领域。因为从语言学上讲，我们用来表征伦理陈述的句子似乎表现得像表征实在的其他陈述（例如，它们具有适真性，可嵌入"如果"与

"可能"的句子）。此外，我们很少谈论伦理信念和知识，这使得许多元伦理学工作者倾向于某种形式的认知主义。

通过本章，我们学习了将伦理事实定位于自然事实的若干策略，每个策略都面对特定的反对意见。但我们可以说，自然主义的主要麻烦在语言哲学与心灵哲学中。这里我们讨论过的自然主义的大多形式都以语言哲学中有争议的假设为基础。更进一步说来，对于大多数自然事实，其存在（完全没有）揭示说话者存在任何去行动的动机，其存在（完全没有）带来去行动的理由。所以，当我们以任何特定的自然主义观点研究伦理事实的本性时，有必要问：如果伦理事实是这样的，则关于伦理事实的信念可能产生（可击溃的）动机吗？以及问：像这样的事实足以单凭自身产生去行动的理由吗？也就是说，一些元伦理学工作者会认为，自然主义不符合我们在第 1 章讨论过的各种内在主义背后的直觉。

章节总结

- 从演化论进路解释伦理事实，假设了在特殊历史节点演化得到人类道德，对该演化的解释提供了一个关于伦理事实本性的解释。
- 通过诉诸对实在中事物本性的先验研究与后验研究之间的差异，以及指称的因果理论，后验自然主义者主张我们可以将伦理事实还原为自然事实，即使我们难以通过自然术语定义伦理术语。
- 后验自然主义者面临道德孪生地球反对意见的威胁。
- 新亚里士多德式自然主义者拓展了元伦理论辩假设的标准自然概念，并试图从关于人类本性的观点中推出伦理事实。
- 新亚里士多德式自然主义面临的挑战是，在没有将伦理考虑偷偷引入人类本性的前提下，区分人类在生物上应该如何与人类在伦理上应该如何。

46
- 伦理相对主义挑战伦理实在论的其他形式确保普遍性伦理事实的野心。如果我们转而接受伦理事实在文化或个体价值系统意义上是相对的，能更简单地将这些事实定位于我们已经视为自然的事实。

问题研究

1. 什么使得一个事实被视作"自然的"？
2. 道德在其规则的本性上类似于语言吗？演化论进路如何运用该类比解释伦理事实？
3. 运用新亚里士多德式方法，汽车、仙人掌、老虎的"美德"是什么？解释你的回答。
4. 人类本性中有非伦理的一面吗？
5. 伦理相对主义是伦理实在论还是反实在论？
6. 解释指称的因果理论，它如何应用于伦理术语。
7. 为何"道德孪生地球"威胁了后验自然主义？

资源拓展

- Churchland, Patricia. 2011. "Brain-Based Values." In *Braintrust*. Princetron University Press. See also her video lecture on the topic www.youtube.com/watch?v=9Bv4k9CJuc. ［对演化论进路解释道德的一个很好的介绍］
- Gowans, Chris. "Moral Relativism," In *The Stanford*

Encyclopedia of Philosophy (Spring 2021 Edition), edited by Edward N. Zalta. http://plato.stanford.edu/archives/spr2021/entries/moral-relativism/.［详细介绍了伦理学中各种相对主义形式］

- Harman, Gilbert and Thomson, J. J. 1996. *Moral Relativism and Moral Objectivity*. Blackwell.［全书均为相对主义者与新亚里士多德主义者关于道德的论辩］

- Hursthouse, Roslind. 1999. *On Virtue Ethics*. Oxford University Press.［新亚里士多德式进路对伦理自然主义的发展，尤其在第 9—10 章。］

- Lutz, Matthew, and James Lenman. "Moral Naturalism." *In The Stanford Encyclopedia of Philosophy* (Spring 2021 Edition), edited by Edward N. Zalta. http://plato.stanford.edu/archives/spr2021/entries/naturalism-moral.［对元伦理学相对主义之外的自然主义思想的详细概述］

- Moosagi, Parisa. 2022. "Neo-Aristotelian Naturalism as Ethical Naturalism." *Journal of Moral Philosophy* 19: 335—360.［一篇研究型论文，讨论新亚里士多德主义的前景，捍卫其伦理自然主义主张。］

- Papineau, David. "Naturalism." In *The Stanford Encyclopedia of Philosophy* (Summer 2021 Edition), edited by Edward N. Zalta. http://plato.stanford.edu/archives/sum2021/entries/naturalism/.［其中第 2.3 节包括了对"堪培拉计划"的进一步讨论］

- Sayre-mccord, Geoffrey. 1991. "being a realist about relativism (in ethics)." *Philosophical studies* 61(1—2):155—176.［捍卫这样的观点，在元伦理学上一些相对主义可以被视为实在论。］

- Tomasello, Michael. 2019. *Becoming Human*. Harvard

47

University Press.［对以生物学、动物行为学与心理学研究支
持道德的演化论进路的解释］

附　录

　　哲学工作者试图将伦理事实定位于自然事实还有一种更复杂的
方式。我没有在这章正文中展现，因为依赖语言哲学与心灵哲学中
的观点，这对大多数读者来说可能是陌生的。但如果你对伦理自然
主义感兴趣，值得了解该进路，因为它非常有影响力。

先验自然主义

　　比较明显的是，一些术语似乎在一个概念相关的网络中联系
在一起，拒斥传统分析，但这不会导致我们认为它们指称非自然属
性。例如，语词"游戏""规则""玩""胜利""失败"等似乎密切
相关，形成了术语网络。我们可能难以用这套术语网络之外的术语
彻底定义术语网络中的某个术语，如纯粹科学术语。尽管如此，一
些哲学工作者仍然认为这是可能的，运用先验反思在细节上充分描
述术语网络，网络中的个体术语指称自然属性。该进路发展出了相
关术语的**网络式分析**。捍卫伦理术语网络式分析的哲学工作者认
为，通过细致规划网络，我们可以表明这些术语指称的属性是自然
性的。

　　网络式分析的思想可追溯至弗兰克·拉姆塞（Frank Ramsey,
1929/1931）关于预测人们行动时如何理解信念与偏好程度的讨
论，大卫·刘易斯（David Lewis, 1970）对如何定义理论术语的
解释。弗兰克·杰克逊（Frank Jackson, 1998）将之拓展至伦理术
语。由于他与同事和学生在位于堪培拉的澳大利亚国立大学提出了

该计划，故而得名**堪培拉计划**自然主义。

其基本想法是将一个具体的概念分析为，表达满足一个常识网络（network of platitudes）的独特属性。常识通常被认为是这样一种主张，我们对一个术语的使用必须尊重我们能够胜任相关术语的使用。

据此，一个网络式分析可分四步：

1. 以一种标准形式列出常识（"属性—名称形式"）
2. 形成一个巨大的常识合取集
3. 以自由变量替换有待分析的概念 / 属性
4. 用存在量词绑定变量并增加一个独特条件

理解这些步骤最好的方式不是担心逻辑行话（jargon），而是首先通过一个非伦理例子。跟随迈克尔·史密斯（Michael Smith，1994），让我们考察颜色术语，如"红色""橘色""黄色"。

第一步是列出一些常识，使用一个标准形式提及属性名称（这使之进入"属性—名称的形式"）例如，一个可靠的清单包括：

颜色常识

- 客体具有红色属性，如果在标准条件下，在正常观察者眼中它们具有红色属性。
- 红色属性比黄色属性更接近橘色属性。
- 客体具有橘色属性，如果在标准条件下，在正常观察者眼中它们具有橘色属性。
- 橘色属性比绿色属性更接近黄色属性。
- 客体具有黄色属性，如果在标准条件下，在正常观察者眼中它们具有黄色属性。
- 黄色属性比蓝色属性更接近绿色属性。
- 以此类推。

第二步，将这些组合成一个巨大的合取集：

> 客体具有红色属性，如果在标准条件下，在正常观察者眼中它们具有红色属性，**并且**红色属性比黄色属性更接近橘色属性，**并且**客体具有橘色属性；如果在标准条件下，在正常观察者眼中它们具有橘色属性，**并且**橘色属性比绿色属性更接近黄色属性，**并且**客体具有黄色属性；如果在标准条件下，在正常观察者眼中它们具有黄色属性，**并且**客体具有黄色属性；如果在标准条件下，在正常观察者眼中它们具有黄色属性，**并且**黄色属性比蓝色属性更接近绿色属性……

第三步，我们去掉所有提到的"属性—名称"，并用逻辑学家所谓的自由变量（即变量在式子中自由浮动并且不与任何量词联系，如"对于所有 x"或"存在一个 y"）系统地替代它们：

49

> 客体具有 v，如果在标准条件下，它们在观察者眼中拥有 v，**并且** v 比 x 更接近 w，**并且**客体具有 w；如果在标准条件下，它们在观察者眼中拥有 w，**并且** w 比 x 更接近 y，**并且**具有客体 x；如果在标准条件下，它们在观察者眼中拥有 x，**并且** x 比 y 更接近 z……

由于变量不和任何量词联系，所以语句没有真正意指其蕴含的任何意思。但我们可以用逻辑学家所谓的将自由变量"约束"为存在量词而使之有意义，像这样：$\exists$（"有物存在"）：

> $\exists v \exists w \exists x \exists y \exists z$……（客体具有 v，如果在标准条件下，在观察者眼中客体拥有 v，**并且** v 比 x 更接近 w，**并且**客体具有 w；如果在标准条件下，它们在观察者眼中拥有 w，**并且** w 比 x 更接近 y，**并且**具有客体 x；如果在标准条件下，它们在观察者眼中拥有 x，**并且** x 比 y 更接近 z……），

然后我们加入一个独特条件以确保每个属性不会超过一个：

> **并且**如何任意 v 满足该条件则 $v'=v$，如果任意 w' 满足该条件则 $w'=w$；如果 x' 满足该条件则 $x'=x$；如果 y' 满足该条

件，则 $y'=y$；如果 z' 满足该条件，则 $z'=z$……

这一冗长（相当丑陋）的语句主张存在独特的属性 v, w, x, y, z……在满足颜色常识的网络中相互联系在一起。

前面几段可能看起来非常复杂神秘，但这里是这些逻辑鬼把戏的回报：现在我们有一种不使用任何颜色术语来解释什么是红色的方法。我们会说红色是属性 x，它满足这个巨大的合取集（注意以上合取集没有任何颜色术语在其中）。类似的，我们可以说橘色是满足该冗长合取集的属性 w。以此类推，对于每种颜色，都能提供一个颜色属性的网络分析，颜色属性本身不能在分析中使用。该思想的关键是，尽管我们可能难以通过将"红色"概念性地分析为原子（以"单身汉"＝"未婚男子"的形式），仍然能够对我们的颜色概念使用先天反思，以非颜色术语解释红色是什么：在该概念网络中扮演相关角色的独特属性。

在这个阶段，你应该好奇这些如何应用于伦理实例。杰克逊的想法是，在这里我们也可以从列出各种常识出发，例如，关于什么是正确/错误、好/坏、善良/邪恶，它们彼此之间如何关联起来。然后我们可以进行上面说的 1—4 步，如果成功的话，我们最终对善与正确这样的伦理属性的分析，用完全非伦理（希望是自然主义）术语解释其本性，从而提供一种先验网络方式，将伦理属性还原为非伦理属性。

然而，在这些实例中存在一个大挑战。道德是一个比颜色更有争议的话题，意味着很难得到大量常识。（请记住，"常识"通常被理解为这样一种主张，我们对一个术语的使用必须尊重我们胜任相关术语的使用。）

理解难点 6　为何"帮助他人是好的""伤害他人是坏的"不是常识？

50

可以肯定的是，我们能够说一些极小的事情，例如（在标准化的属性—名称形式中）：

道德常识

- 如果一个行动具有错误的属性，那么做出这个行动不会具有正确的属性。
- 鼓励他人做出具有正确属性的行动本身具有正确属性。
- 有美德的人做出的行动也有善的属性。
- 诸如此类。

但如尼克·臧格威尔（Nick Zangwill，2000）所言，很难找到比这更具实质性的东西了。然而，除非我们这样做，否则就不会希望有足够的常识辩护存在一些独特的属性集合满足它们的思想。

另外，即使我们找到更多伦理常识，仍存在一个风险，即先验网络分析将保持松散的结构，以至于难以确保以一种独特的方式满足常识。也就是说，会面临史密斯（1994，54—56）所谓的**置换难题**（**permutation problem**）的风险。该难题说的是，一旦我们从这些常识中剔除所有伦理术语并设置自由变量，我们可以很好地拥有一个颠倒或系统性转换的结构（例如，将所有"好"这样的正面术语转化为"坏"这样的负面术语）。为了看懂史密斯的想法，设想一个颜色术语的"转换"谱系，"绿色"用来指称蓝色，"蓝色"用来指称红色，"红色"用来指称绿色，诸如此类。这些颜色术语都能很好地满足上述颜色常识的网络结构，但它们看起来难以对"红色""绿色"与"蓝色"的意义提供正确的分析。类似的，我们可以设想一个颠倒的道德，能够满足从上述道德常识迷你列表中概括而来的网络结构。同样，这意味着这里无需一组与网络描述相关的独特的属性集。用技术术语来说，上述提到的"唯一性条件"无法被辩护。

　　杰克逊试图避免这类难题，他认为在伦理属性的实例中，应该 51 作为常识注入网络分析的不仅仅是所有人都赞同的伦理陈述，而是如果道德通过批判性反思得到完善，所有人都将赞同的原则。他希望该"成熟的民间道德"能够提供一个更具实质性的常识列表，在其背后进行网络分析。事实上，我们甚至能够以一条不同的路线到达类似博伊德的元伦理自然主义：也许善的满足网络节点的属性是一簇有助于满足人类需求的自然属性，倾向共处并且有互相促进的趋势（或由同类事物促进）。如果这确实是从民间道德固定节点中概括出的在概念网络中满足善节点的独特属性，那么也许我们应该意识到善是（复杂）属性。

　　然而，我们可以合理地担忧以这样的方式分析善削弱了先验分析的野心，该野心是揭示我们日常伦理概念的内容。由于在常识网络分析中，常识被用来捕捉承诺，拒绝这些承诺会显得相关术语在概念/语义上难以胜任。这使得分析变成了一种先验概念分析。如果我们难以达到批判性反思需要达到的杰克逊所谓"成熟民间道德"的地步，并不意味着我们日常道德话语中的术语难以胜任。另外，如一些哲学工作者指出（参见 Yablo，2000），诉诸成熟民间道德可能会将伦理概念偷偷带入分析之中，这种分析被认为在无需诉诸伦理概念来解释伦理属性本性的意义上是完全还原性的。如果"成熟民间道德"只是我们用来说道德理解是道德上正确的一种方式，那么显然我们并没有通过网络分析还原性地分析相关伦理概念。

　　重点　"网络分析"试图将伦理属性先验地还原为自然属性，通过分析每个伦理属性在相关属性的网络中承担的具体角色，相关属性的网络可被先验地理解。

理解难点的答案

QU1：演化生物学、动物行为学，可能还有社会人类学。

QU2：然而，我们仔细检视自己的概念，我们难以发现什么使得水是 H_2O；所以我们需要对水进行经验研究，运用现代化学工具。

QU3：汽车与灯都是功能类，月亮不是（因为月亮的必要组成部分没有任何特殊的功能）。人类的情况很有趣——我们有作为人类必不可少的特殊功能（或目的）吗？一些人认为有，另一些人认为没有。接下来的关键是，你不必认为人类有特殊功能来追求新亚里士多德式的自然主义，但你必须承认人类有一些东西，我们可以从中推出，什么使得一个人成为一个好人。

QU4：你对这个问题的答案可能会有所不同，因为通常有许多不同的特征使一个功能类型成为同类中的典范。例如，舒适、耐穿、时尚的鞋子就是好鞋。有足够的扭矩、容易抓住、能够变速的电钻是好电钻等。以及，也许设置理解难点的教科书是好教科书，就像这本。

QU5：（i）桌子是平的相对于人的目的与偏好，（ii）相对于某种移动方式，从某个特定位置距离休斯敦很远。（iii）相对一个比较级来说，萨拉年纪很大了（例如，相对于她班上的女孩，相对于人类，相对于家庭中的一些人）。

QU6：由于不是所有人都会赞同帮助他人是好的，并且伤害他人是坏的。一些人认为向人们提供这类帮助是坏的，是纵容他们，使之软弱。另一些人认为痛苦可以成为走向卓越的动力，所以他们可能认为伤害人是好的。即使这些想法不可靠，认为帮助他人有时候不是好的这样的想法是明显可靠的，例如，你帮助他人作恶。伤害那些应该受到伤害的人可能会被认为是允许的。

参考文献

Anscombe, G. E. M. 1957. *Intention*. Cambridge, MA: Harvard University Press.

Appiah, Anthony. 2008. *Experiments in Ethics*. Cambridge, MA: Harvard University Press.

Berker, Selim. 2009. "The Normative Insignificance of Neuroscience." *Philosophy and Public Affairs* 37(4): 293—329.

Boyd, Richard. 1988. "How to Be a Moral Realist." In Essays on Moral Realism, edited by G. Sayre-McCord. Ithaca, NY: Cornell University Press.

Churchland, Patricia. 2011. *Braintrust: What Neuroscience Tells Us About Morality*. Princeton, NJ: Princeton University Press.

Copp, David. 1995. *Morality, Normativity, and Society*. Oxford: Oxford University Press.

Dreier, James. 1990. "Internalism and Speaker Relativism." *Ethics* 101 (1): 6—26.

Foot, Philippa. 1999. Natural Goodness. Oxford: Clarendon Press. Geach, P. T. 1956. "Good and Evil." *Analysis* 17 (2): 33—42.

Harman, Gilbert. 1975. "Moral Relativism Defended." *The Philosophical Review* 84 (1): 3—22.

Hauser, Marc. 2006. *Moral Minds: How Nature Designed Our Universal Sense of Right and Wrong*. New York: Harper Collons.

Henrich Joseph. 2016. *The Secret to Our Succeed: How Culture is Driving Human Evolution, Domesticating Our Species, and Making Us Smarter*. Princeton, NJ: Princeton university press.

Horgan, Terence, and Mark Timmons. 1991. "New Wave Moral Realism Meets Moral Twin Earth." *Journal of Philosophical Research* 16: 447—465.

Horgan, Terence, and Mark Timmons. 1992. "Troubles on Moral Twin Earth: Moral Queerness Revived." *Synthese* 92: 221—260.

Hursthouse, Roslind. 1999. *On Virtue Ethics*. Oxford: Clarendon Press.

Jackson, Frank. 1998. *From Metaphysics to Ethics*. Oxford: Oxford University Press.

Kripke, Saul A. 1980. *Naming and Necessity*. Cambridge, MA: Harvard University Press.

Krtcher, Philip. 2011. *The Ethical Project*. Cambridge, MA: Harvard University Press.

Lewis, David. 1970. "How to Define Theoretical Terms." *Journal of Philosophy* 67(13): 427—446.

Nichols, Shaun. 2004. *Sentimental Rules: On the Natural Foundations of Moral Judgment*. Oxford: Oxford University Press.

Putnam, Hilary. "The Meaning of 'Meaning'." *Minnesota Studies in the Philosophy of Science* 7: 131—193.

Ramsey, Frank. 1929/1931. "Theories" *Reprinted in the Foundations of Mathematics and other*

Logical Essays, edited by R. B. Braithwaite. London: Routledge and Kegan Paul, pp. 212—236.

Ruse, Michael. 1986. "Evolutionary Ethics: A Phoenix is Arisen." *Zygon* 21 (1):95—112.

Smith, Michael. 1994. "Internal Reasons." *Philosophy and Phenomenological Research* 55 (1): 109—131.

Thomson, Judith Jarvis. 1997. "The Right and the Good." *Journal of Philosophy* 94(6): 273—298.

Tomasello, Michael. 2016. *A Natural History of Human Morality*. Cambridge, MA: Harvard University Press.

Wilson, E. O. 1975. *Sociobiology: The New Synthesis*. Cambridge, MA: Harvard University Press.

Yablo, Stephen. 2000. "Red, Bitter, Best." *Philosophical Books* 41: 13—23.

Zangwill, Nick. 2000. "Against Analytic Moral Functionalism." *Ratio* 13 (3): 275—286.

非自然主义

也许你赞同实在论思想，伦理事实确实存在，但你不确信这些事实可以还原为或适配能够被广义的科学方法发现并且阐明的事实。也许你认为关于人们应当做什么的事实完全不同于自然世界的事实；也许你对伦理学的自然主义还原论持开放态度，但我们在前面章节探究的自然主义没有一种是可信的。有鉴于此，你可能想要捍卫伦理非自然主义。我们将在这章探究。

这种观点的支持者通常受这样一种思想的激发，许多伦理难题都是客观事实意义上的，关于这些事实的伦理思想模型与探究相较我们用来知道自然世界的经验思想模型与探究有着重要不同。概言之，伦理非自然主义者会主张，关于什么是好/坏的、正确/错误的、善良/邪恶/的基础事实不是经验可知的事实：伦理事实本身就是一类事实，我们必须（在可能的情况下）以伦理思想与慎思特有的方式去发现它们。

如我在前面章节提到，该思想源于摩尔有影响力的《伦理学原理》（1903），在这之前可追溯至柏拉图的道德形而上学。我将在下面简要描述摩尔的观点，但我们不会花太多时间来解释摩尔。相反，我们将聚焦概括当代元伦理学中的观点，讨论一些支持和反对它的论点，并解释这些观点的形而上学承诺如何影响元伦理学中的其他问题。

一个更精确的概括

标签"非自然主义"可能会误导人，而且不幸的是它不够精确。这有潜在误导性，一些哲学工作者主张道德是上帝命令的产物。如果这是正确的，那么伦理事实可能被视为一种超自然的事实：它们是关于什么是上帝命令的事实。然而，接受非自然主义的哲学工作者——无论宗教还是当代文学，不仅拒绝伦理事实是自然事实，而且拒绝它们是超自然事实。所以对非自然主义更精确的概括是伦理事实是**自成一类的**（sui generis），既不可还原为自然事实，也不可还原为超自然事实。如果我们想要更精确一点，可以称为非自然/非超自然主义，但这是一个丑陋的叫法。所以，我们仍称为"非自然主义"。[1]

为了理解说伦理事实是不同于自然事实的一类事实（自成一类）是什么意思，需要明确一个事实被视为"自然的"标准。有一些常见的标准，一些哲学工作者说自然事实是这样的事实，(i)原则上可用真的科学解释来呈现的事实，或类似；(ii)原则上可通过科学方法发现的事实。然而，这只是把相关问题推到：什么是科学？出人意料的是，这个问题并不容易回答。物理与化学被视为科学是很清楚的，但经济学、数学或人类学呢？

尽管我们可以最终定义"科学"，但由于该困难，其他哲学工作者更倾向不诉诸科学来概括自然。例如，我们可能会说自然事实

[1] 即便如此，准确地说，我们必须对非自然主义定义做进一步说明。这是因为与伦理规范性相关的其他规范性类型是有争议的。例如，我们可以问，我们在伦理上应当做什么；也可以问，我们深思熟虑后应当做什么。正如我们可以问，什么是道德上允许的；我们也可以问，什么是法律上允许的。我们可以寻求理解态度的道德理由，也可以寻求理解一些态度的认识理由。这些就是其他规范性类型（慎思、法律与认识）。当非自然主义者主张伦理事实自成一类，他们的意思不是拒绝伦理事实是规范性事实的一类。在第8章，我们将回到这个有趣的难题，其他规范性类型如何与伦理规范性相关，对于广义的"深思熟虑"的规范性类型，我们主要的元伦理学理论必须说些什么。

（iii）属于或受自然律（laws of nature）约束，（iv）拥有因果力量，或（v）还原为物理事实。然而，这些定义也产生了更进一步的问题：什么是自然律？什么是因果力量？什么是物理事实？再一次的，回答这些问题并不容易，但也不是没有希望。

理解难点 1　以下哪些假定的事实不是自然事实的可靠候选：（i）关于宇宙物理定律的事实，（ii）关于谁在生物学上与你接近的事实，（iii）关于谁有善业（good karma）的事实，（iv）关于某人想要什么的事实，（v）关于意识的事实，（vi）关于数学的事实。

根据对"自然的"定义的多样性，也许我们最好的做法是——增加伦理事实不是超自然事实——非自然主义者主张伦理事实至少在上述"自然的"一种或几种意义上不是自然的。正如人们有时说的那样，伦理学是一个"自主"（autonomous）的研究领域，有自己独特的主题：不可还原到其他事实类型领域。

进行一个粗糙的类比，考虑一个与逻辑哲学和数学哲学平行的难题。许多哲学工作者认为存在逻辑与数学事实，但他们也认为这些事实不是自然世界的特征，而是构成了现实世界与其他任意的可能世界。在该意义上，逻辑与数学事实可能被视为一个自主的事实领域，可以被一些特殊的思想模型和不同于现实世界的经验探究发现。如果是这样，这些事实将被视为非自然的，至少因为不满足上述标准（ii）（iv）（v）。类似的，在元伦理学中非自然主义者认为伦理事实是一个自主的事实领域。

非自然主义实例

57

我在第 1 章讨论过，任何元伦理学理论的实例都意味着三件事：

- 它们在形而上学、知识论、语言哲学与心灵哲学中的正面论证的整合
- 对相同难题的其他竞争性承诺的反对论证
- 试图回应关于一揽子承诺的反对意见

因此，我们难以完全评价个别理论，除非我们了解所有相关理论，比较理论成本与收益。第 6 章我们将区分四种主流的理论家族。在这之前，让我们考察非自然主义者与他们面临的反对意见所给出的正面论证。

默认的观点？

一些非自然主义者主张他们的观点应该被视为常识的起点，因而是默认观点（default view）。（参见一例，Enoch，2018）在日常生活中，我们谈论着、思考着伦理事实，仿佛它们确实是客观性的。例如，我们说伦理信念成真或为假。我们假设存在真正的伦理分歧，一边事实上正确，另一边事实上错误，即使并不总是清楚哪边正确哪边错误。更进一步而言，非自然主义者认为大多数人会赞同这样的反思，伦理事实似乎完全不同于自然事实。总之，不太可能期待科学家告诉我们什么事情是伦理上的。

当然，如果压倒性的反对意见揭示了非自然主义的严重缺陷，将削弱该默认的假设。如果确实有非常强的理由支持其他观点，可以胜过默认的假设。然而，许多非自然主义者坚持其他观点负有**举证责任（burden of proof）**。他们怀疑这些责任能否得到履行。因此，他们鼓励我们坚持他们的观点，认为这是一个尚未被推翻的默认观点。

休谟定律

非自然主义思想的历史渊源是休谟著名的提议，我们难以从

"是"中推出"应当"。通常称为**休谟定律**。哲学工作者对如何解释休谟的提议有争议（在下面会看到，表达主义者也从休谟定律的吸引力中获得灵感）。但是非自然主义者是这样理解的：无论关于自然世界你知道多少事实，你仍没有足够证据来解决我们应当如何行动。关于一个人应当做什么的事实似乎不同于自然世界是什么样子的事实，前者独立于后者，而且是一个比后者更具深度的难题。

考虑一个例子，在曼宁被指控造成美军历史上最大的数据泄密案件后，丹尼斯·林德（Denise Lind）是决定切尔西·曼宁（Chelsea Manning）监禁多久的军事法官。尽管曼宁在工作中宣誓要对她处理的文件保守秘密，但她将接近 75 万份机密与敏感文件泄露给维基解密。这给其他军事人员带来了重大安全风险，曼宁被指控通敌，可判处死刑。但这次泄密也暴露了美国军方犯下并且掩盖非法与不道德行为，导致公众对伊拉克战争的看法发生了重大变化。

现在假设林德知道曼宁行动的所有相关事实。假设她知道曼宁的知识与意图，所有关于这些行动实际和可能后果的相关事实，以及她可能做出的各种量刑选择的可能后果。尽管如此，我们还是可以合理地认为，弄清楚林德在道德上应当做什么需要进一步反思。为了解决这个问题，也许她需要将一些抽象的道德原则应用至该具体实例，也许她需要运用实践智慧，从实例的非道德事实转向决定道德上最好的是什么。

根据休谟定律，这正是我们应该期待的。非自然主义者诉诸这一点，主张存在关于林德应当做什么的事实，该事实也不是无数自然事实中的一种，而是一种特殊的事实：关于我们在给定的那些事实下应当做什么的伦理事实。这并不是说其他事实类型与决定一个人应当做什么无关，而是说由于难以仅凭借自然事实解决伦理难题，伦理事实应该被视为一类不同的事实：一种非自然事实。（需要注意，这是一个从道德知识论前提到形而上学结论的论证。）

重点　解释伦理事实独立于自然事实的一种方式是主张它们并不能单纯地从自然事实中推出，因为它们涉及难以从自然的"是"中推出的"应当"。

摩尔式论证

摩尔（G. E. Moore，1903）被认为在元伦理学中大幅度偏离自然主义而转向非自然主义。（摩尔引用了西季威克［1874，1907］作为其论证的灵感来源；里德［Reid，1788］和罗斯［Ross，1930］以不同的论证辩护非自然主义）。你可以从摩尔没有关注一个人应当做什么的问题而关注什么是善的问题，开始了解摩尔方法的基本风格。他坦率地承认，关于善的事物我们可以列出一份可靠的清单，并试着确认这些事物共有的自然属性。例如，如果让我们列出生活中的一些美好事物，我们可能会说冰淇淋、阳光明媚的下午、友谊、狗的忠诚、寒夜洗热水澡……然后，我们可能会认为所有这些事情的共同点是它们会带来愉悦（pleasure）。然而，摩尔认为这是一个谬误，将善的属性仅仅视为导致愉悦的属性。这就是他所说的**"自然主义谬误"**（**naturalistic fallacy**）。[1]

关于善不能等同于任何自然属性，摩尔还给出了一个著名论证。这就是**开放问题论证**（**open-question argument**）。该论证的核心思想是，使用自然属性 N 来表示对属性善的任何分析，我们总是可以明智地（sensibly）、不混淆我们使用语词的意义，以这样的形式问"我知道 x 是 N，但 x 是善的吗？"例如，我们可以明智

---

[1] 严格来说，威廉·弗兰克纳（William Frankena，1939）主张，这不一定是一个谬误，但摩尔可能是对的，成为善与导致愉悦不是同一件事，因为坏的事情也会导致愉悦。

且不含混地说："我知道吃肉会带来愉悦，但这是善的吗？"由于
这个问题对那些理解"引起愉悦"和"善"两个术语的人来说仍然
是"开放的"，摩尔得出结论，导致愉悦必定不同于善（即使导致
愉悦的事物通常是善）。

理解难点 2　以下哪些是"封闭"问题，我们难以明智且不含
混地追问：（ i ）"单身汉是未婚男子吗？"（ ii ）"绿色是一种颜色吗？"
（ iii ）"苏格兰经常下雨吗？"（ iv ）"上升的东西一定会下降吗？"

　　摩尔只考虑了用自然属性对善的几种可能的分析，但该论证的
最佳版本包含了对许多失败分析的一个**最佳解释推理**。其基本思想
是，从伦理学的历史中摘取各种关于哪些事物是善的主张。也许善
不导致愉悦，而导致高级愉悦。对上帝的虔诚、维系人类生存的东
西、自然的和谐，抑或属于自然的其他事物。然而，对这些分析的
任意一种，看起来我们都可以明智地问："我知道 x 是 N，但 x 是
善吗？"（ 参见 Shager-Landau，2003，第 3 章 ）。该吸引人的事实需
要一个解释：为什么哲学工作者对"什么是善"有过那么多解释，
却没有一个能终结相关问题？摩尔的假设是伦理属性不可还原为自
然属性。如果该假设正确，将是对为什么长期以来对伦理事实没有
找到一个可靠的自然主义分析的一个很好的解释（这里我们有一个
从伦理术语 / 概念的语义学前提到形而上学结论的论证）。

一个更进一步的论证：慎思性不可或缺（deliberative indis- 60
pensability ）

　　当涉及任何假定的实体类型时，我们会好奇相信它们存在的理
由是什么。物理学家说它们是夸克；化学家说是各种不同的元素，

这些元素根据它们的质子和电子的结构来区分；生物学家说不同的个体有不同基因。相信存在质子、元素与基因的理由是什么？有人说女巫有特殊的邪恶力量，星象结构暗示了天作之合，心灵感应是可能的——有什么理由不相信女巫、星象与心灵感应？这些都是形而上学问题，具体言之，关乎我们的**本体论承诺**，即对各种实体与涉及它们的事实的实在性的承诺。

形而上学和科学哲学中的一个流行观点是，我们有理由相信我们所观察到的事物的最佳解释。粗略的想法是，对我们观察到的诸如夸克、元素与基因的科学解释比借助巫术、占星术或心灵感应的超自然解释好。这就是为什么我们有理由相信前一类事实而不相信后一类，这是一个最佳解释推理。

理解难点 3 演绎推理与最佳解释推理有什么区别？

然而，我们应该问：为何对我们观察到的事物做出最佳解释提供了一个相信事物实在的理由？这个问题在知识论、形而上学与科学哲学交叉界是有争议的。一个引人注目的观点是，从理性上讲，我们对世界样貌的描述是理性上不可选择的；对实在／事实的信念在对我们观察到的东西的最佳解释中占据关键部分。这就是为什么我们有理由相信实在／事实是我们观察到什么的最佳解释。

为了理解一个对伦理自然主义来说不可或缺的论证，注意到决定做什么对我们这样的人来说似乎也是理性上不可选择的；当然，我们通常依据习惯与本性而非慎思行动；有时我们只是在几个有着相同吸引力的选项中随机选择。然而，在困难的实践性问题中，我们都熟悉必须谨慎慎思的情境（想想你决定上什么大学，或是否选修哲学课程）。在这些实例中，我们权衡赞成与反对的理由，试图得到关于做什么的正确答案。大卫·伊诺克（David Enoch，2011，第 3 章）认为，关于规范性事实（具体言之，关于什么是或什么不是各种实践决策的理由）的信念对这些实践慎思是关键的。否则我们就不会觉得我们在努力寻找正确的决策。

如果这是正确的（对该论证来说"如果"是关键），那么也许理由可以获得和夸克、化合物与基因一样的本体论。关于它们的信念是我们在理性上无可选择的事情中不可或缺的一部分，而不是我们观察到的最佳解释的一部分，也许这些事实对我们决策做什么至关重要。

只要理由（或涉及它们的事实）不是"自然的"（回想一下上面提到的许多相关事情），这表征了一个支持非自然主义的进一步考虑。（就其不可或缺而言，我们只得到了一个支持实在论的论证；不过当结合开放问题论证时，我们得到一个支持非自然主义实在论的论证。）

细心的读者会注意到，在前两段中，我们从谈论伦理事实转向了关于理由的事实，我将其概括为"规范性"事实。该转向不是无副作用的（innocent）。伊诺克认识到，该论点源自实践慎思的不可或缺性，只能使我们认识到关于理由的事实，但不是具体的伦理理由。然而，如果我们认识到关于理由存在非自然事实，有人会认为，对于认识到非自然伦理事实，没有更进一步的形而上学的反对。毕竟，一些做事情的理由可视为伦理理由。

反对非自然主义的论证

我们已经考察了若干形而上学、语言/心灵哲学与知识论中支持非自然主义承诺的正面论证。现在我转向反对该立场的批评性论证。我将简要解释四个最重要的反对（在资源拓展中会展现更多参考文献）。

来自自然主义世界观的挑战

正如我们在第 2 章讨论过的，启蒙思想的一个关键因素是对实在的科学解释日益得到确信。在解释实在的时候，许多哲学工作者开始思考科学特征的理论类型，尤其是可拓展到任意新实例的多人交叉可证伪理论是黄金标准。其他（巫术、占星术、心灵感应等）都是伪解释。

这种**自然主义世界观**看起来与元伦理学中的非自然主义有明显的紧张关系。许多深信自然主义世界观的哲学工作者认为，道德非自然主义是行不通的，非自然主义者意识到了这一点。他们通常强调道德的自主性（或更一般意义上的规范性），为了减轻接受存在难以适配自然主义世界观的事物带来的打击。是的，该思想是，伦理事实不适配自然主义世界观，但没关系，因为它们是特殊的，而且我们不应期待它们出现在科学解释中。它们不像女巫或心灵感应力量的事实，它们被假定为一些与自然事实解释非常相似的现象的解释。

然而，自然主义世界观的支持者倾向于将此视为伪解释（pseudo-explanation），最终走向巫术、占星术与心灵感应。此外，本体论通常追求**极简原则**，在其他条件相同的情况下，最好不要在我们的整体实在图景中假定新的实在。所以，如果对于我们想要解释的事情，有一些解释无需假设女巫或价值存在，那么我们应该更偏爱这些而不是那些假设它们存在的解释。一些哲学工作者认为，这意味着我们必须放弃目前构造的（错误论）伦理学。但也可能认为，伦理事实最终是一种自然事实（伦理自然主义），或者伦理学在根本上是一项规约性事业而不是一项描述性事业，不寻求发现一个特定实在领域，而是评价人类行动与品质（表达主义）。

来自知识论的反对

来自自然主义世界观的挑战在反对非自然主义时可能乞题了。为了避免这种现象，许多哲学工作者将自然主义世界观的诉求限制在知识论。换句话说，他们认为，我们相信的理由只是因为关于自然实体与归属它们的事实，我们有一个相当好的理论来解释我们如何知道这些事实。这并不是说我们知道所有或大多数自然事实，而是说对于知觉的工作机制如何从外在于我们身体的刺激到大脑识别整合为实在样貌的概念——至少包括实在的自然部分，我们有一个精致的理解。该概念在与他人协作中通过证言、共同推理与对自然主义世界观的科学理论化得到扩充与精炼。

不是所有部分都很好理解。我们如何知道自然世界的以知觉为基础的概念仍处于心灵哲学、科学哲学与知识论交界的发展中。具体言之，如何理解关于自然世界的信念的知识辩护存在争议。但有鉴于该故事写的不错，有人敦促我们找出一些另外的非自然事实领域的实在会面临挑战，该挑战解释我们如何知道这些事实。从表面看，他们需要在缺乏关于自然世界的知觉与推理如何工作的精致理解的资源下面临该挑战。所以，如果你认为我们知道的所有事物最终来自知觉、经验认知或推理，这将被视为反驳了非自然主义。

一个挑战版本源于人类思想与行为的达尔文式解释力量。莎伦·斯特里特（Sharon Street，2006）、理查德·乔伊斯（Richard Joyce，2006）与其他**演化诋谤论证（evolutionary debunking argument）**的捍卫者认为，我们相信像植物、动物或树枝与石头这类东西的最佳解释是诉诸我们追踪这些心智—独立的事实的演化能力。该能力是人类生存与繁衍的关键。相反，这些哲学工作者认为我们为什么有道德的最佳解释，难以诉诸我们追踪非自然事实的能力。而是诉诸某种接受并客观化我们的价值观的能力，将我们与家庭、共同体联系在一起。这些情感纽带而不是非自然事实的知识之类的事物，对

63

人类的生存和繁衍至关重要。

在知识论和语言哲学的交界处还有一个更深入的相关论点。在这里，我们想要解释的一件事是，我们的语词如何指称实在中的事物，如何与被指称物"联系"在一起。当我们将关于事物的谈论和思考视为我们知道了一些事物时，我们需要一些解释。例如，语词"水"指称水是因为我们通常在它与水之间建立因果联系。我们难以与非自然属性善发生因果联系。所以，我们的语词"善"如何与这类属性联系起来（或者用别的东西替代，或者完全没有）?

重点 非自然主义者在他们的道德知识论中面临一个严峻的挑战：如果你认为伦理信念不"适配"关于自然环境的其他类型信念，我们通常据此获得知识，那么你需要解释，我们如何获得伦理知识。

非自然主义通常有三条路线回应来自知识论与语言哲学的反对意见。首先，一些人试图提出一个正面的知识论来解释我们如何知道非自然事实。摩尔著名的论点是我们拥有特殊的**道德直觉**官能，类似道德知觉，我们可以通过使用该官能知道（非自然）伦理事实。

第二，另有一些人指出，我们关于自然世界的知识的标准图景诉诸理性角色，该角色将知觉输入整合进一个融贯的世界观。如果我们接受**融贯主义知识论**，我们可以主张这些资源已经足以解释我们如何知道非伦理事实。通过使用我们的理性来思考我们应如何生活，可以形成一个关于伦理事实的宽泛而融贯的信念网。

最后，一些非自然主义者致力于对该反对意见的**同罪论证**（partners-in-crime）。该思想指出，还有其他事实类型是我们通常有能力知道的，这引发了相同的忧虑。例如，你知道根号九，你能够将之指称语词"三"。但是数字不是我们能够因果地与之产生联系的东西，为何人类演化出追踪平方根的能力也是有争议的。所以如果引起这些担忧是哲学意义上的"有罪"，那么数与非自然的道德价值"同罪"。言下之意是，这算不上什么有罪。除非我们想要把婴儿和非自然主义伦理事实的洗澡水一起倒掉，也许我们应该在知识论上更自由一点。

来自随附性论证

64

随附性（supervenience）是一个奇特的名称，主要思想是一个领域必然跟随另一个领域变化。有各种各样的表述，伦理随附性的基本思想是，构成基础的非道德方面没有差异的两个事态难以在道德方面存在差异。[1]为了理解为什么这么多哲学工作者认为其非常可信，想象一下你是法官，试图对两个犯人进行正确的惩罚。如果这两个犯人在所有相关的非道德属性上都相同，你凭什么说，五年监禁对其中一个犯人是正确的惩罚，对另一个犯人是轻微的惩罚？这完全是武断的。换句话说，这两个犯人的情况之间似乎必须存在一些非伦理差异，才能使得对每个犯人的惩罚之间存在伦理差异。接受该思想的哲学工作者有时候会说，两个可能世界只有存在非伦理差异，才会存在伦理差异，此即伦理的随附于非伦理的。

理解难点 4　如果事实 1（例如，露易丝吻了超人）与事实 2（例如，露易丝吻了克拉克）是相同的，事实 1 随附于事实 2 吗？

---

[1]用"基础"差异解释随附性，意味着哲学工作者对随附性的用法比共变性强。在伦理学中，随附性通常可翻译为"依赖性""底定性""基础性"。对许多哲学工作者来说，伦理事实看起来依赖或底定于一些更基本的非伦理事实。类似的，许多元伦理学工作者认为，我们的伦理信念必须以关于非伦理事物的信念为基础。理解所有这些概念之间的微妙区别，以及它们如何影响元伦理学中的论证是当前研究的一个热点话题。若要尝试，先从马奎尔（Maguire, 2015）与贝尔克（Berker, 2018, 2019）开始。

该理解难点与我们此处的讨论相关，非自然主义的批评者认为，伦理的为何随附于非伦理的，没有好的解释。毕竟，如果伦理事实是非自然主义者认为的那样自成一类，那就意味着存在两个独立的事实领域：伦理事实与非伦理事实。如果这样，那么为什么我们不能设想两个可能世界，两者在非伦理事实上没有差异，仅在伦理事实上有差异呢？

相较之下，我们认为我们的伦理信念关于一类自然事实（如自然主义者所言），对随附性为什么看似正确就有一个很好的解释：所有事情随附于自身。类似的，如果我们认为我们的伦理陈述是对描述性事实的态度表达，而不是对伦理事实的描述本身（如表达主义者所言），我们可以对随附性为何看似正确给出不同的解释：我们对非伦理实在的这些伦理态度不应该是随意的（表达主义对随附性的解释将在第 5 章详细介绍）。这里的关键难题是，非自然主义者能否对伦理的为何随附于非伦理提出一个有说服力的解释，或至少"淡化"（explain away）一些非常需要被解释的事物的表象。

来自道德实践性的挑战

最后一个反对来自道德实践性（practicality of morality）。之前我们看到，一些哲学工作者试图从"规范性事实的信念对于实践慎思而言是必不可少的"这一前提出发，得到"一些非自然主义实在论是正确的"这一结论。然而，另一些哲学工作者认为道德实践性是非自然主义的负担（liability）。他们的想法是，我们的道德观点在动机与行动辩护中扮演与信念在表征事实情况中不同的角色。但是，如果非自然主义是正确的，那么这种差异就难以理解了。

该论证有两种形式，取决于我们聚焦的是之前用过的**激发性理由**还是**辩护性理由**。

理解难点 5　激发性理由与辩护性理由的区别是什么？

　　首先关注实际激发人们行动的心理状态，通常内在主义者的直觉是，相较我们关于自然世界的观点，我们关于道德立场的观点与行动动机联系更紧密。正如之前提到的，如果有人认为在特定情境下为慈善事业捐款是道德上的义务，但在捐款时机出现时她却没有动机这样做，这将是非常令人惊讶的。我们不会对那些几乎不向慈善机构捐赠的人说这些话。**动机性内在主义**强调该差异对决定我们伦理思想的心理角色很重要。

　　这给非自然主义者带来了解释上的挑战。也就是说，由于他们认为我们的伦理观点关于非自然事实，如果他们同意动机性内在主义直觉，需要解释为何这类信念看起来与有动机去行动联系紧密。为什么对自然事实的信念看起来不会像对（假定存在）非自然事实的信念那样激发我们？

　　将我们的注意力转移到哪类考虑可以提供行动理由的辩护性难题上来，通常内在主义的直觉是，成为某人去行动的理由必定以某种方式与他们的关切（concerns）联系。考虑到他们当前的知识，这并不意味着与他们当前的欲望联系。但是，如果这些考虑与一个人在拥有充分信息且清楚思考的情况下将关切的事情，两者之间没有联系，如何提供一个以特定方式去行动的理由？**辩护性理由的内在主义**认为这是不可能的。

　　这再次给非自然主义者带来了解释上的挑战。既然我们认为道德某些时候提供了人们以特定方式行动的理由，由于非自然主义者认为道德关于非自然事实，看起来他们欠我们一个这些非自然事实如何与我们的关切联系起来的解释。也就是说，为什么那些拥有充分信息并且清楚思考的人，会关心他们的行动是否拥有非自然的正确属性？

66　　　在这两种情况下，非自然主义者可以拒绝内在主义直觉以摆脱解释挑战——即非自然主义者可以接受某种形式的动机性与理由外在主义。然而，随之他们面临一个不同类型的解释挑战：解释为何许多哲学工作者发现内在主义直觉非常强烈。

结　论

在本章，我们聚焦了四种主流元伦理学观点中的第二种：非自然主义。这主要是关于道德形而上学的观点。它主张伦理事实与属性确实是实在的一部分，这使之成为实在论。此外，非自然主义认为这类事实与属性独立于自然事实（同样独立于超自然事实），这是它被称为"非自然主义"的原因。关于怎样才算自然事实／属性没有统一的定义，但是，科学和自然律类型解释的几个重叠概念部分说明了当非自然主义者拒绝伦理事实是自然的时候是什么意思。

该思想具有知识论意蕴。至少，看起来非自然主义者不会说我们用获得自然世界知识同样的方式获得伦理知识。许多非自然主义者假定道德直觉的官能是我们知道非自然的伦理事实的特殊方式。

非自然主义还具有语言哲学意蕴。通过将伦理话语分析为表征性话语，非自然主义通过与表达主义观点的比较展现了一个优势：对伦理语言为什么看起来在语义方面无缝贴合了其他表征性话语提供了一个简单的解释。（然而，该解释能走多远是有争议的，因为应当做出什么行动的语句在语言上明显不同于描述性语句。休谟定律认为它们在推理中扮演了不同角色。）

这与非自然主义者关于道德心理学与行动理论的心灵哲学观点有关。这里，非自然主义者被视为**认知主义者**，因为他们认为我们的伦理判断实际上导致（一种特定的）信念而不是一种对世界的适配方向为欲望类型的心理状态。

对非自然主义主要的论证来自：

- 该思想应该是默认观点。
- 伦理事实与其他事实类型差别太大了。
- 休谟定律（"是推不出应当"）的一种具体解释。
- 重审摩尔的观点，任何伦理事实与被视为能够还原伦理事实的自然事实之间存在鸿沟。
- 关于做什么的实践慎思中规范性信念明显必不可少。

反对非自然主义的主要论证来自：

67

- 对自然主义世界观根深蒂固的承诺。
- 对其道德知识论的一个反对。
- 道德随附于非道德是非常可靠的，非自然主义很难解释。
- 非自然主义的道德形而上学使其很难尊重道德心理学与行动理论中的内在主义直觉。

正如我们将在本书中讨论的所有观点，此处的展示必然是扼要的，只触及了关于非自然主义已经发生和可能发生的潜在哲学争论的表面。但关于非自然主义我们已经学习了足够多的东西，为第 6 章进行比较性的理论成本—收益分析奠定基础。

章节总结

- 非自然主义者主张实在包括客观性的伦理事实且这些事实难以还原为自然事实。
- 由于对"自然"的定义没有共识，非自然主义者还拒绝伦理事实可还原为超自然事实，我们认为非自然主义是这样一种观点，伦理事实尤其要独立于其他事实类型，如被科学发现或科学理论与科学解释勾勒的事实类型。
- 一个常识实在论和"非常不同"的直觉为这种观点提供了

初步支持。

- 非自然主义者通常支持直觉主义知识论，伦理陈述意义的表征主义解释，关于伦理思想本性的认知主义观点。
- 休谟定律（"是推不出应当"）与"开放问题"式论证对该观点提供了进一步支持。
- 自然主义世界观抵制该观点，对非自然主义知识论的批评，来自伦理随附于非伦理的论证，以及挑战非自然主义解释道德实践性的能力。

问题研究

1. 什么是休谟定律？你能给出一个直观的例子并解释为何一些人认为伦理事实是非自然的吗？
2. 解释我们称为"自然的"至少三种事物之间的区别。
3. 为什么一些哲学工作者认为伦理属性不等同自然属性？
4. 什么是最佳解释推理的直观的例子？
68　5. 对实践慎思而言，关于伦理事实的伦理信念是必不可少的吗？
6. 为何解释伦理随附于非伦理对非自然主义是一个挑战？
7. 如果存在非自然事实，我们如何知道它们？

资源拓展

- Cuneo, Terence. 2007. "Recent Faces of Moral Nonnaturalism." *Philosophy Compass* 2(6): 850—879. ［对最近辩护非自然主义的一个概览］
- Enoch, David. 2018. "Non-Naturalistic Realism in Metaethics."

In *the Routledge Handbook of Metaethics*, edited by Tristram MacPherson and David Plunket. Routledge, ch.1.［介绍元伦理学中非自然主义的一篇入门级文章］

- Enoch, David. 2011. *Taking Morality Seriously: A Defense of Robust Realism*. Oxford University Press.［捍卫非自然主义，有一本书篇幅，包括一章讨论慎思性必不可少。］
- Finlay, Stephen. 2007. "Four Faces of Moral Realism," *Philosophy Compass* 2 (6): 820—849.［综述性文章，其中详细讨论了道德具有"自主性"。］
- Parfit, Derek. 2011. "Metaphysics." In *On What Matters*, vol. 2. Oxford University Press, ch. 31.［最近对非自然主义有影响力的辩护］
- Ridge, Michael. 2014. "Moral Non-Naturalism." In *The Stanford Encyclopedia of Philosophy* (Fall 2014 Edition), Edward N. Zalta (ed.), http://plato.stanford.edu/ archives/fall2014/ entries/moral-non-naturalism.［对非自然主义较长的介绍和一些反对它的论证，包括实践性挑战。］
- Shafer-Landau, Russ. 2003. "Ethical Non-naturalism." In *Moral Realism: A Defence*. Oxford University Press, ch.3.［对非自然主义的辩护，一本书篇幅，包括详细讨论开放问题式论证并回应许多批评。］
- Väyrynen, Pekka. 2017. "The Supervenience Challenge to Non-Naturalism." In *the Routledge Handbook of Metaethics*, edited by Tristram McPherson and David Plunkett. Routledge, pp. 170—184.［介绍随附性挑战和许多回应的关键讨论］

理解难点的答案

QU1：由于报应（karma）不能被科学认识，（iii）不是可靠的候选。（iv）是可靠的候选，只要"某人"被认为是自然世界的一部分（不是上帝或天使）。（v）与（vi）是有趣且困难的实例，哲学工作者试图将这些事实"自然化"，但也很难对它们在自然世界的位置做出可靠的解释。

69

QU2：前两个问题是"封闭的"。如果有人想知道绿色是否是一种颜色，就会对语词"绿色"与"颜色"的意义感到困惑。如果有人想知道单身汉是否未婚，就会对相关意义上"单身汉"的意义感到困惑。

QU3：如果前提是真的，那么从前提到结论的演绎推理在逻辑上是保真的。假言推理形式是最著名的：从信念"p"和信念"如果 p 则 q"；可逻辑地推得"q"。相反，最佳解释推理从对一些命题的初步观察中得到信念，因为这是这些观察为真的最佳解释。例如，侦探在谋杀案中得出的结论通常是最佳解释推论而非逻辑推论。

QU4：是的，事实 2 随附于事实 1。因为对其中一个的任何改变都必然改变另一个。尽管同一性蕴含了随附性，但一般不会反向蕴含。伦理事实可能随附于一组自然事实，但不完全等同自然事实。

QU5：激发性理由是解释某人以特定方式被激发行动（即使该行动不被辩护）的心理事实或状态。辩护性理由是可以用来辩护以特定方式行动的考虑（即使这些考虑不是能动者实际行动的考虑）。

70 **参考文献**

Berker, Selim. 2018. "The Unity of Grounding." *Mind* 127(507): 729—777.

Berker, Selim. 2019. "The Explanatory Ambitions of Moral Principles." *Nous* 53(4): 904—936.

Enoch, David. 2011. *Taking Morality Seriously: A Defense of Robust Realism.* New York: Oxford University Press.

Enoch, David. 2018. "Non-Naturalistic Realism in Metaethics." In *the Routledge Handbook of Metaethics,* edited by Tristram MacPherson and David Plunket. New York: Routledge, ch. 1.

Frankena, William. 1939. "The Naturalistic Fallacy." *Mind* 48: 464—477.

Joyce, Richard. 2006. *The Evolution of Morality.* Cambridge, MA: MIT Press.

Maguire, Barry. 2015. "Grounding the Autonomy of Ethics." *In Oxford Studies in Metaethics: Volume 10,* edited by Russ Shafer-Landau. Oxford University Press.

Moore, G. E. 1903. *Principia Ethica.* Cambridge: Cambridge University press.

Reid, Thomas. 1788. *Essays on the Active Powers of Man.* Edited by Knud Haakonssen and James Harris. Edinburgh: Edinburgh University Press.

Ross, W. D. 1930. *The Right and the Good.* Oxford: Oxford University Press.

Shafer-Landau, Russ. 2003. *Moral Realism: A Defence.* Oxford: Oxford University Press.

Sidgwick, Henry. 1874/1907. *Methods of Ethics.* London: Macmillan.

Street, Sharon. 2006. "A Darwinian Dilemma for Realist Theories of Value." *Philosophical Studies* 127 (1): 109—166.

第4章

错误论与虚构主义

在《理想国》第一卷中，柏拉图的饰角色拉叙马库斯主张道德的基础是有权之人为了维系其权力。在《道德的谱系》中，尼采以一种更具宗教精英批判的方式发展了这个观点。最近，安斯康姆（1958）提出，道德义务的概念以上帝存在为先决条件，因为只有上帝才能普遍地约束人们服从他的命令。她认为许多人虽然不相信上帝，却能感受到道德义务的力量，由此她揭示了我们道德概念中深层的本体论错误。这是元伦理学中错误论与虚构主义的征兆，我们将在本章学习。

目前为止，我们已经讨论了自然主义和非自然主义。如果你认同自然主义，只存在自然事实，但你认为非自然主义的语言哲学和心灵哲学在正确的道路上，那么你可能正在支持某种错误论或虚构主义的路上。其首要思想是赞成非自然主义者，基础伦理陈述旨在（*purport*）表征一种特殊的事实，这种事实难以被可信地构想为自然世界的一部分，然后主张该想法从未成功过。这带来了一个令人惊讶的结论，基础伦理陈述[1]在字面上都是假的。

---

[1] 这里提到基础伦理陈述是为了避免在讨论伦理陈述时出现一个复杂情况。例如，"谋杀是错的"是一个基础陈述，错误论者与虚构主义者认为这是假的，因为不存在"错误"。相反，"谋杀并非错的"与"谋杀是坏的，则慈善是好的"是非基础陈述，因为出现了诸如"并非""如果"等逻辑词。错误论者与虚构主义者不会说消极陈述是假的，这不是因为他们认为谋杀是正确的，而是因为他们认为没有什么是正确或错误的。类似的，他们不会说诸如"如果谋杀是坏的，那么仁慈是好的"是假的，理由同样是，他们认为没有什么东西是好的或坏的。

这就是说，错误论者认为，日常伦理话语关于伦理话语中有什么事实预设了一个错误的观点。伦理话语就像 17 世纪的塞勒姆女巫施咒或者 18 世纪关于燃素的话语，被（错误地）认为在燃烧中释放。错误论是本书中我们讨论的首个**反实在论**元伦理学观点。

关于女巫和燃素的类比表明，错误论者对伦理话语采取一种**取消主义**立场；也许我们应该停止预设一种错误的形而上学观点来讨论什么是实在。然而，在虚构主义中可获得一种更温和的立场。其思想是，伦理话语应该解释为**出于方便而虚构（convenient fiction）**的模型。我们都知道，在字面上太阳不会从地平线上升起，但出于许多目的将这些事情说得好像是真的一样还是很方便的。正因如此，关于太阳运动的话语可能包含很多字面上为假的句子。但只要我们意识到这一点，就可以出于各种目的假装（pretend）这些语句是真的而获得方便。元伦理学虚构主义者对伦理话语 [1] 也有类似的看法。

重点 元伦理学错误论者和虚构主义者同意实在论者的观点，伦理思想是认知性的，伦理语言是表征性的，但认为它们在正确描述实在上从未取得成功，所以是错误的或者是假的，是出于方便而虚构的。

在这一章，我将介绍一些由麦凯（J. L. Mackie）构造用来支持

---

[1] 斯坦利（Stanley, 2001）区分虚构主义的"诠释性"（hermeneutic）和"变革性"（revolutionary）两种形式。前者属于描述性项目，用来解释某些话语的实际样貌，后者属于规范性项目，用来解释我们应该如何选择或改变我们对某些话语的使用。所以你可能会认为伦理话语实际上没有被理解为出于方便而虚构，而是应该被这样理解，在这种情况中你是一个变革性虚构主义者。在这一章，我们没有讨论变革性虚构主义。这是因为它不直接和其他主流伦理学观点竞争，这些观点都属于描述性项目，试图解释伦理话语（思想和实在）是什么。继续为变革性虚构主义辩护并讨论相关难题，参见乔伊斯（Joyce, 2001）。

错误论的著名论证，并考虑一些可能的反对意见。然后，我将介绍两种形式的虚构主义，解释为什么它们的支持者认为它们比蕴含取消主义立场的错误论更好。但我们也考虑其他元伦理学观点的支持者如何反驳虚构主义。

麦凯对错误论的论证

任何错误论必定包含两部分：

1. 一个积极的概念 / 语义主张：伦理话语意指客观的伦理价值或事实。

2. 一个消极的形而上学主张：客观的伦理价值或事实并不存在。

理解难点 1　类比数学，以下哪项是关于数学的积极的概念 / 语义主张：（i）不存在数字，（ii）数学仅仅是一种符号练习，甚至不试图表征客观事实？

麦凯在《伦理学：发明对与错》（1977）第 1 章中首次为错误论思想做了系统性辩护，他提供了几个论证，可概括为两条：**相对性论证**与**古怪性论证**。

相对性论证源于这样一种观察，世界各地广泛存在着伦理分歧。在一些文化中，我们必须埋葬死者，但在另一些文化中要焚烧死者。有些文化要求女性在公共场合戴头巾，有些文化则禁止女性在某些特定场合戴头巾。有的社会认为吃猪肉是道德上可反对的，但有的社会禁止吃牛肉，有的甚至是彻底的素食主义者。现在，对这些广泛的分歧考虑两种可能的解释。首先，关于正确 / 错误的看法一边是正确的，另一边是错误的。其次，确实不存在任何"就在那里"的客观伦理价值，使得关于道德上正确 / 错误的某一边"确实"正确。麦凯认为对世界各地伦理观念差异的最佳解释是，人们参与了不同的生活方式，他们倾向于认同他们参与的生活方式。对于伦理上正确／错误不存在客观性的伦理价值或事实。

为了回应，批评者会坚持麦凯的论证难以表明伦理学建立在错误之上。这是因为他没有表明伦理话语旨在客观性（积极的概念／语义主张）。正如我们在第 2 章看到的，一些元伦理学自然主义者认为伦理事实是存在的，但它们是关于不同文化中的习俗和实践的事实，这意味着它们是相对的，不完全是客观的。这样一个相对主义者可能会同意麦凯从相对性出发的论证。同样，如我们将在第 5 章看到的，一些表达主义者赞同伦理分歧是不同文化规范的表现。但他们认为伦理话语并不旨在客观性的伦理价值或事实，而是我们对自己价值观的承诺的表达。

由于表达主义与自然主义形式的相对主义对麦凯关于广泛的伦理分歧的观察有同样的解释，他的第二个论证——古怪性论证——得到了更多的关注。事实上，麦凯提出了古怪性论证的多个版本。他们都从支持上面提到的积极的概念／语义主张开始，伦理话语旨在客观的伦理价值或事实。这里将论证大致刻画如下：

首先，麦凯认为，常识道德预设了伦理价值具有**内在激发性**（**intrinsically motivating**）。这意味着，人们认识到一个行动是好／坏的，就会倾向于去做或避免去做。也就是说，我们做事情是为了促进好而避免坏——至少在某种程度上是这样——因为我们知道它们是好／坏的，不是因为我们碰巧有一些在先的欲望（例如，在我们的社会中被某种眼光看待，或者处于一个声称比别人道德更优越的位置）。（这与我在第 1 章介绍的动机性内在主义有关。）

其次，麦凯认为，常识道德的前提是伦理事实具有**客观规约性**（**objectively prescriptive**）。这意味着，它们为人们做事情提供了普遍的理由，这些理由独立于人们的特定欲望、担忧或关切。例如，很多人都认为酷刑不好，不仅仅因为满足人们的欲望或关切，无论人们的特定欲望、担忧或关切如何。根据麦凯，该想法预设了酷刑的害处给了每个人采取行动拒绝酷刑的客观性理由，不仅仅是一个与这种或那种偶然的欲望、担忧或关切相关的理由（这与我在第 1 章介绍的辩护性理由的外在主义论点有关）。

　　麦凯论证的这前两个前提[1]属于错误论的积极的概念部分。接下来，他转向理论的消极的形而上学部分，他认为仔细反思会发现，没有任何事实具有内在激发性和 / 或客观规约性。他给出的一个理由是知识论上的。他认为，如果存在这样的事实，而且有时我们知道它们，那么我们就必须拥有一种特殊的官能，通过这种能力我们来感知 / 认识它们。但麦凯认为，我们拥有这样一种官能非常令人难以置信。它与视觉、听觉、嗅觉，甚至我们的理性官能都不一样。这不是说不存在伦理事实，而是把举证责任推给了那些主张存在伦理事实的人。

　　另一个他提出质疑伦理事实存在的理由是形而上学意义上的。他认为，如果存在内在激发性和 / 或客观规约性事实，那么它们将完全不同于我们所认识的其他任何事实类型。正如他所说，客观性价值不得不具有"去行动"的属性，但现代科学世界观告诉我们，应该把这种假定的实在性特征视为"古怪的"。

理解难点 2　是什么使麦凯认为客观伦理事实是古怪的第一个理由具有"知识论"特征，而使他的第二个理由具有"形而上学"特征？

---

[1] 尽管麦凯认为伦理话语兼具内在激发性特征与客观规约性特征，这是道德的常识性概念的特征，区分它们是有用的，因为我们将在下面看到，伦理话语是否预设了伦理事实（如果存在的话）将内在地激发那些认识到他们的人，这是有争议的。同样有争议的是，伦理话语是否预设了伦理价值对我们所有人都具有客观规约性。然而，如果日常伦理话语假设的这些特征中只有一个是正确的，那么错误论者就能够为他们错误论中消极的形而上学辩护了。

他认为存在客观的伦理事实是古怪的最后一个理由是基于**随附性**概念。回顾这样的思想，两个行动不可能仅仅在价值上有区别；要在伦理属性上有区别，它们必须在自然属性上有基础的区别。像大多数元伦理学者那样，麦凯假设客观伦理价值必然不同但又随附于世界的自然特征。但麦凯认为这将是一个非常古怪的事实，它既与自然截然不同，又必然随附于自然。（该反驳源于我们在第 3 章遇到的以随附性反驳非自然主义。）

反驳与回应

支持错误论的哲学工作者并不多。最简单的原因是，他们对自己根深蒂固的伦理信念深信不疑。例如，种族灭绝是错误的，慈善是好的，等等，而错误论者的立场似乎暗示这些信念都是错误的，因为它们都基于形而上学错误。当然，有人可能会认为，元伦理学中的任何理论论证都无法说服我们种族灭绝不是错的，或者慈善是不好的！

评估该反驳时需要避免一个常见的错误。诚然，错误论者否认种族灭绝是客观上错误的，否认慈善是客观上好的，但他们也不认为种族灭绝是客观上正确的，或者慈善是客观上坏的。那是因为他们否认任何行为都有这样的基础伦理属性。此外，他们通常和我们有同样的道德情感。也就是说，他们认为种族灭绝是可恶的，慈善是值得称赞的，等等。它们并非不道德的（amoral）；一般来说，他们并不比我们其他人更不道德。所以，我们不应该把我们对种族灭绝和慈善的感受与不赞同错误论的理由混为一谈。

尽管如此，错误论者的立场似乎会破坏日常话语。如果我们确实认为我们对一些事物的许多话语是错误的，那么我们可能倾向于取消这类事物的实在地位。大多数人不会到处谈论女巫的魔术行为或燃素的化学性质。这是因为我们已经相信女巫与燃素并不真正存在。用哲学术语来说，我们大多数人是女巫与燃素的取消主义者。

相反，我们对道德的日常谈论，仿佛道德是真的。许多哲学工作者认为我们应该在**宽容原则**下提出语义理论。这意味着我们应该从假设人们断言的大多数都是真的开始，如果有人看起来做了很多错误的断言，那么我们应该重新考虑我们是否正确理解了他们说的意思。错误论者认为，伦理陈述旨在事实，这些事实内在地激发那些认识它们的人，客观上规约我们所有人。但如果这意味着我们断言的很多东西都是错误的，那么也许错误论者应该重新考虑他们对伦理陈述意指之物的理解。

麦凯有两种方法来应对这种担忧。第一种方法，他可能会说，日常伦理话语不是假的，而是涉及假的预设。它们预设（该预设在麦凯看来是假的）伦理价值具有内在激发性，并且具有客观规约性。一些语言哲学工作者认为，有些蕴含该预设的陈述应被视为假的，但一些哲学工作者认为它们只是缺少一个真值，另一些哲学工作者认为它们仅仅是古怪的。所以，如果麦凯坚持将相关错误定位于伦理陈述的预设，他就能避免将我们在伦理话语中说的大部分都视为假的（尽管他仍然认为承诺该日常话语的思想体现了某种有害的本体论错误）。

第二种方法，麦凯尝试诊断并解释他发现在伦理话语中的错误。他能让我们对道德做出很多假陈述这一事实有意义吗？他主张这里有一个我们倾向于客观化这些价值的非常好的社会学理由。它们不是我们异想天开的独特偏好，而是我们在共同体中试图与其他人合作的承诺。因此，他认为有强烈的实践动机谈论与思考仿佛它们是客观性的伦理事实：这是我们关于如何行动实现合作的最佳方式。

这里他源自相对性论证背后的思想可能会对他回应反驳有所帮助。我们希望在伦理争议问题上有客观正确的答案，部分原因是存在分歧，该分歧对我们如何与他人相处很重要。这也可能反对麦凯错误论的核心概念／语义主张：只要我们认识到世界各地伦理观点

76 之差异，以及关于这些观点诸多争论之棘手，难道不会倾向于重新考虑这些观点真的是关于某个客观事实领域的（如果我们只能够断定它们的话），从而一劳永逸地解决争论吗？

挑战错误论的一种更具体的方式是反驳这样一个思想，认识到一个行动是好 / 坏的具有内在激发性。回想一下，这是麦凯关于日常伦理话语预设的积极概念 / 语义主张的一部分。然而，这显然不是真的。正如我们在第 2 章看到的，一些自然主义者否认动机性内在主义，认为至少有一些伦理判断与具体的动机性倾向不相容。可信的反例是，当我们对与我们的行动似乎没有特别联系的事情做出伦理判断时。这些判断必然会促使我们以特定方式行动的想法就不那么直观了。例如，假设你知道德国在 1941 年入侵苏联是错误的。这是否意味着你有动机以某种特定的方式行动？此时你对此无能为力，你也无法置身于德国的处境中。所以，为什么你应该赞同麦凯的客观伦理价值具有内在激发性？

有人同情错误论，会主张麦凯认为客观伦理价值具有内在激发性是错误的。但还有客观规约性，客观规约性更有可能被构想为日常伦理话语的前提。复习一下，"客观规约性"指这样的想法，伦理事实（如果有任何伦理事实上存在）将为人们做事提供客观理由，即独立于那些人的特定欲望、担忧和关切。这与我们在第 1 章讨论的辩护性理由的外在主义观点有关。事实上，麦凯的部分论点是，如果伦理事实存在，那么是古怪的，它们必须有能力产生与我们的欲望、担忧和关切无关的行动理由。由于麦凯是一个行动理由的内在主义者，他认为伦理事实没有这种力量。

但这里我们可能会得出一个不同的结论：所有这些都表明，道德不具有客观规约性，为了产生行动理由，要求至少和能动者的欲望与偏好有一些联系。例如，也许这里有一些非常普遍的原则，如果我们都以遵守这些原则为目标，我们每个人就能更好地促进自己的关切。若真如此，道德的理由生成力量可能建立在我们每个人都有个人担忧和关切的基础上，我们都需要遵循一些道德原则来促进这些担忧和关切。如果这是正确的图景，道德仍然可以被视为是普遍的（由于道德对每个人来说产生了相同的理由），即使道德不具有客观规约性。我们不必说道德事实本身包含着某种"去行动"（to-be doneness）；而是说这些事实给了人们行动的理由，因为这些事实间接与他们个人的欲望、担忧和关切联系在一起。无论如何，该可能性构成了对麦凯古怪性论证的一个挑战。

理解难点 3　哪一种"内在主义"与"内在激发性"有关，哪 77
一种外在主义与"客观规约性"有关？

我们深入元伦理学丛林对错误论进行了反复研究。但这有助于理解比较性的理论成本与收益，去考察对错误论的另一种反驳。麦凯认为，为了知道伦理价值与事实，我们必须具有某种发现它们的特殊官能。他怀疑我们拥有这种官能。但一些哲学工作者认为，这和知道算术、几何和微积分的事实是一样的。它们似乎不是通过视觉、听觉、嗅觉等方式知道的。目前尚不清楚它们如何被知道，但我们一般假定有一些方法可以知道这些事实。当毕达哥拉斯对直角三角形提出他著名的理论，他似乎发现了某些几何学的东西，从而获得数学知识。更进一步而言，数学事实如果的确存在，是抽象而非具体的。而且它们似乎是有必要的。有人可能会认为这些特征就像"同性恋者"（queer）。因此，由于同罪论证，批评者可能会回应：错误论者想要把数学和道德一起抛弃吗？

另一条探究同罪论证反驳的路径是强调伦理理由和价值的区别，以及其他类型的理由和价值之间的区别。例如，我们通常认为相信某件事有客观性理由，而且认识和理解事物在智性上是有价值的。这些都是知识论的事实和价值：错误论者也想否认它们的存在？如果是这样的话，他们似乎自相矛盾地致力于为了相信错误论而否认客观性理由的存在，并且否认知道、理解关于伦理学的知识论与本体论的价值。这在一些元伦理学工作者看来是弄巧成拙！

虚构主义版本

在元伦理学中，虚构主义是一种受错误论启发的观点，但有更精致的资源来避免麦凯遇到的一些极端后果。为了理解不同版本的虚构主义，区分陈述性语句（语词本身）和用作断言（assertion）的语句是有帮助的。考虑这个句子：

（1）福尔摩斯住在贝克街。

首先想象你知道一个叫福尔摩斯的人，我问你他住在哪里；你可以用（1）来断言你认识的人住在贝克街。如果我们假设你是真诚的，那么你的断言表明你相信福尔摩斯住在贝克街。

78

接下来，假设我们在一个英语文学研讨会上讨论亚瑟·柯南·道尔（Arthur Conan Doyle）的作品，我问你他的主角住在哪里。在这种情况下，你也可以使用（1），但这时候就不太清楚你的所指。有两种可能性：

- 你断言在道尔虚构的故事中有一个叫福尔摩斯的人物住在贝克街；假设你是真诚的，这个断言表达了你的信念，在小说中，这个角色住在那条街上；
- 你的话语根本不应该理解为一种断言，而应该理解为一种"在虚构的语境中说话"或进行某种"假装"的不同类型的言语行为。[1] 你并不真正相信你说的东西。

---

[1] 有必要注意被称为"假装"的思想，并不是说你故意假装，而是说你使用的语言没有像其字面上那样断言某事物。比较"太阳在早上5点升起"这句话的日常用法。对任意一个知道太阳在天空中的位置由地球自转而不是太阳升空引起的人来说，对该句话的这番使用不应被恰当地视为断言，而应视为一种假装、隐喻或不严谨地说话。

　　在第一种可能性中，你明确说出的语句与你实际断言的内容相比，在某种程度上是不完整的或省略的。这类似于一个人说"正在下雨"，但并不是说所有地方都在下雨，仅仅在说他们所在的地方下雨。关于第二种可能性，我们从字面上理解语句，但我们将使用语句的言语行为构想为做事而非断言。这就像有人说"我饿得可以吃下一匹马"。这并不是真的断言他们可以吃掉一匹马；相反，他们在做别的事情，如为了效果而夸张。

　　这两种可能性对应两种不同的虚构主义立场。一些虚构主义者认为，伦理语句的相关用法是对虚构中为真的内容的断言；另一些人则认为，这些话语根本不应该被解读为断言，而是一种假装（pretense）。要理解其中的区别，请看下面这个句子：

　　（2）撒谎是错误的。

　　想象一下，有人在伦理语境下使用（2），例如，在向孩子解释为什么他们不应该撒谎时。

　　第一种虚构主义者，**意义虚构主义者（meaning fictionalists）**认为该陈述的意义比语句表面呈现的要复杂得多。他们认为使用该语句的人断言，根据道德虚构，撒谎是错误的。所以，虽然页面上的语句在字面上是假的，但断言的内容是真的；被这句话的典型话语所表达的信念是真实的（因为它们言外意指虚构内容）。第二种虚构主义者，**言语行为虚构主义者（speech-act fictionalists）**认为该陈述根本不能被恰当地解释为一个断言，而是某种其他类型的言语行为，比如伪装或假装。根据该观点，说出（2）的人说了一些字面上为假的话，但他们没有断言一个错误，因为他们根本没有断言任何事情。相反，他们是在装模作样。

理解难点 4　考虑"太阳在早晨升起"这个陈述。该陈述在意义虚构主义和言语行为虚构主义上的区别是什么？ 79

注意，这两种形式的虚构主义都遵循宽容原则，给错误论带来了麻烦。因为虚构主义者支持不存在任何真正的伦理价值或事实，他们认为基础伦理语句，如（2）是字面上假的。但虚构主义者并没有指控普通人对道德的大多数断言是假的。意义虚构主义认为被断言的命题比语句表面呈现的要复杂得多（相对隐晦的虚构）。言语行为虚构主义者认为，当我们做出伦理陈述，我们并不是真的在断言命题而是在假装。

重点　与错误论者一样，虚构主义者认为基础伦理语句实际上是字面上假的（因为没有伦理事实使之为真）。与错误论者不同，虚构主义者认为日常伦理话语有目的：这些语句不用来断言假命题，而用来做别的事情（断言更复杂的真命题或涉及某种形式的假装）。

意义虚构主义者面临的一个严峻挑战是，人们在道德语境中用（2）发表陈述断言了道德虚构的某些事物看起来很特别，也违反直觉。这是因为似乎没有任何根据认为该语句的正常使用者有意谈论虚构。毕竟，不同于福尔摩斯住在哪里的陈述，如果你问大多数做出伦理陈述的人，他们谈论的东西虚构了什么，他们并不知道。

由于这一反驳，言语行为虚构主义在今天的元伦理学工作者中有更好的阐释。马克·卡尔德隆（Mark Kalderon，2005）提出了一个版本，承诺能够捕捉到表达主义思想的一些直观的吸引力。在表达主义看来，伦理陈述的功能是表达积极和消极的态度，试图协调共同体中的人们对世界的情绪反应。在上面的描述中，我说过言语行为虚构主义者认为伦理陈述不是断言，因此它们不是信念的表达，而是一种假装。到目前为止，虚构主义还比较消极和模糊，还没有告诉我们，如果伦理陈述没有表达信念，它们会表达什么。卡尔德隆认为，尽管伦理语句具有表征性，在非常健全的意义上具有适真性，但执行言语行为的标准用法具有表达性而不是表征性。也就是说，更像表达主义者，他认为伦理陈述表达了积极和消极的态度。如果这是正确的，那么就像表达主义者一样，他能很好地解释接受伦理陈述和行动动机之间具有明显的紧密联系（然而，无论这种联系有多么紧密，也不可能是完全紧密的）。

以同样的方式，理查德·乔伊斯（Richard Joyce，2005）主张日常伦理话语预设了行动的**绝对**理由存在，并不因为我们是普遍错误的受害者，而因为虚构行动的绝对理由有重要的实践收益。他的基本想法是，这通常有助于个体遵循共同体的道德准则（例如，带来互相合作的收益，避免惩罚成本）。但如果人们每次决定做什么时都要权衡这些成本和收益，他们会在推理中犯错误，导致没有遵循他们共同体的道德规范（例如，人们倾向于高估他们避开违反规则监察的能力，或低估不守法纪与不道德带来的长期成本）。有鉴于此，乔伊斯认为虚构一个客观规约的道德价值观是有用的。也就是说，道德思想与话语可能被概括为一类出于方便的经验规范，保护我们免受人类天生的短视和高估带来的偏见。

评估这些虚构主义观点，有一件事需要反复斟酌，我们表达评价性态度或通过系统性地使用彻底的谎言来陈述出于方便的经验规范是否可靠。当涉及其他典型的虚构性话语，如关于夏洛克·福尔摩斯的话语，我们可以想象有人打断并说："等等，你说的这句话完全是字面上假的。你的意思不会是福尔摩斯真的住在贝克街吧？"接着很自然地回答："不，我的意思是虚构中的；我们只是在假装。"但现在想象一下，有人打断了一段伦理话语说："等等，你刚才说的那句话完全是字面上假的。你的意思不会是种族灭绝真的是错的吧？"很多人会倾向于这样回答："是的，的确，我就是这个意思。"

结　论

　　错误论者捍卫两个相互关联的主张：（i）关于伦理话语的一个积极的概念 / 语义主张，伦理话语的语句表征事实的具体特征，诸如内在激发性和 / 或客观规约性事实；（ii）一个消极的形而上学主张，这些特征并不真正存在。错误论最知名的论证来自麦凯所谓的"古怪性论证"的各种版本。然而，许多哲学工作者感到麦凯的错误论有问题，因为其严重违背了用来解释人们说话时意指什么的宽容原则。

　　一种避免违背宽容原则的方法是仍然支持（i）和（ii）的同时，对伦理话语采取虚构主义而不是取消主义立场。意义虚构主义者认为，尽管伦理语句在字面上是假的，但人们用它们来做断言时，意指关于道德虚构的某些更复杂的事物。相比之下，言语行为虚构主义者则认为，伦理语句的日常使用不是断定，而是一种假装，也许是我们表达道德态度或明确表达出于方便的经验规范的一种方式。即使某些版本的虚构主义比错误论的取消主义更能尊重宽容原则，一些元伦理学学者仍然会担心，当我们使用伦理话语时，虚构主义并没有很好地尊重我们日常的自我概念。

81

章节总结

- 错误论者和虚构主义者捍卫两种主张：积极的概念 / 语义主张和消极的形而上学主张。
- 麦凯为错误论提出了著名的"相对性论证"和"古怪性论证"。
- 古怪性论证有知识论和形而上学版本。
- 麦凯的错误论基于概念性主张，伦理话语是关于具有内在激发性的价值和对事实的客观规约性，但这两者都是有争议的，错误论的反对者会反驳。

- 即使我们赞同伦理错误论的两种主张，也不必对伦理话语采取取消主义立场；因为可以提出某种形式的虚构主义。
- 虚构主义有两种形式：意义虚构主义和言语行为虚构主义。前者认为伦理陈述是关于道德虚构中什么为真的断言。后者认为道德陈述根本不是断言，而是一种假装。

问题研究

1. 解释麦凯的相对性论证。为什么这不能完全支持错误论呢？
2. 麦凯关于古怪性论证的知识论版本和形而上学版本有什么不同？
3. 什么是"客观意义上去行动"（objective-to-be-doneness），为什么有人认为这是"古怪的"？
4. 在元伦理学错误论的语境下取消主义和虚构主义的区别是什么？
5. 意义虚构主义与言语行为虚构主义，哪个更尊重宽容原则？

资源拓展

- Baker, Kane. "Moral Error Theory, Now What." https://youtu. be/JNWXUrKcRdQ［一个视频讲座，拒绝客观价值存在后我们该何去何从］
- Baker, Selim. 2019. Mackie Was Bot an Error-Theorist." *Philosophical Perspectives* 33: 5—25.［试图捍卫麦凯的一篇文章，反驳缺乏同情理解的指控，通过重新阐释，麦凯聚焦的是日常伦理话语的预设错误，而不是其陈述是假的。］

82

- Finlay, Stephen. 2008. "The Error in Error Theory." *Australasian Journal of Philosophy* 86: 347—369.［反对麦凯，麦凯主张日常伦理话语预设的伦理价值是客观规约性的］

- Joyce, Richard. 2001. *The Myth of Morality*. Cambridge University Press.［研究错误论与虚构主义的著作］

- Joyce, Richard. 2009. "Moral Anti-Realism," *The Stanford Encyclopedia of Philosophy (Summer 2009 Edition)*, edited by Edward N. Zalta. http://plato.stanford.edu/ archives/ sum2009/entries/moral-anti-realism.［包括错误论的一个重要部分和对麦凯错误论论证的补充讨论］

- Joyce, Richard. 2017. "Fictionalism n Metaethics." In *Routledge Handbook of Metaethics*, edited by t. MacPherson and D. Plunkett. Routledge, pp. 72—86［对元伦理学虚构主义的类型与动机更全面的解释］

- Kalderon, Mark. 2005. *Moral Fictionalism*. Oxford University Press.［言语行为虚构主义专题论著］

- Mabrito, Robert. 2013. "Fictionalism, Moral," In *The International Encyclopedia of Ethics*. Edited by H. LaFollette. Blackwell, pp. 1972—1981.［道德虚构主义的简明解释，包括对变革性虚构主义的讨论。］

- Olson, Jonas. 2017. "Error Theory in Metaethics." In *Routledge Handbook of Metaethics*, edited by T. MacPherson and D. Plunkett. Routledge, pp. 58—71.［对支持道德错误论的几个论证的更精细的研究］

- Streamer, Bart. 2017. *Unbelievable Errors*. Oxford University Press.［捍卫关于所有规范性判断的错误论，回应了对错误论的反驳，该反驳认为错误论削弱了相信错误论的理由。］

理解难点的答案

QU1：（ii）是概念 / 语义性主张，因为它关于数学思想和话语而不（直接）关于什么是实在。

QU2：第一个理由关于怎样才能知道伦理事实，而知识论是关于知识的。第二个理由关于伦理事实应该是怎么样的，而形而上学关于实在的各个部分的样貌。

QU3：辩护性理由的内在主义是一个关于道德如何让我们产生理由的立场（必须与我们的担忧和关切联系起来），因此如果辩护性理由的内在主义是正确的，那么很难（尽管不是不可能）看到如何存在客观意义上的规约性事实。相比之下，动机性内在主义关乎伦理判断的心理角色。为了使伦理事实（假设存在）具有"内在激发性"，我们对它们的信念必须具有独立于我们的任何欲望而激发行动的力量。

QU4：意义虚构主义者认为语句在实际使用中是不完整的，因此字面上是假的，但是使用该语句做陈述应该视为对一些更复杂命题的断言，诸如虚构中的太阳在早晨升起。该命题是正确的。相比之下，言语行为虚构主义者否认该陈述是对任何命题的断言；而是认为这是另一种言语行为，诸如假装。

83

参考文献

84

Anscombe, G. E. M. 1958. "Modern moral philosophy." *Philosophy* 33(124):1—19.

Joyce, Richard. 2001. *The Myth of Morality*. Cambridge: Cambridge University Press.

Joyce, Richard. 2005. "Moral Fictionalism." In *Fictionalism in Metaphysics*, edited by Mark Kalderon. Oxford: Oxford University Press.

Kalderon, Mark. 2005. *Moral Fictionalism*. Oxford: Oxford University Press.

Mackie, J. L. 1977. *Ethics: Inventing Right and Wrong*. London: Penguin.

Stanley, Jason. 2001. "Hermenuetic Fictionalism." *Midwest Studies in Philosophy* 25 (1): 36—71.

第5章

表达主义

自然主义者、非自然主义者与错误论者都认为伦理语言是表征性的，并且伦理思想是认知性的。伦理陈述与它们所表达的判断，是表征实在的一种特定方式。当实在确实如此时，它们是正确的。元伦理学中的表达主义理论以拒绝该思想为前提。

为了表明对伦理语言与思想的表征主义理解是错误的，表达主义者通常鼓励我们在开始元伦理探究时，不要追问（i）实在事物的某种所谓的本性：伦理价值（value），而是去追问（ii）我们实践的本性：进行伦理评价（evaluations）。然后，他们回答问题（ii），主张在伦理评价和普通表征实在之间存在一些有趣的差异。

在他们的心灵哲学中，这通常导致表达主义者支持某种关于伦理思想的**非认知主义**。也就是说，他们主张伦理陈述表达的心智状态之于实在，有类似欲望而非类似信念的**适配方向（direction of fit）**；它们类似于欲望、情绪反应、偏好或计划，而不是关于实在样貌的信念。通过主张伦理陈述及其表达的心智状态与表征实在的事业无关，表达主义者走出了一条不同于错误论的反实在论之路。我们称为"表达主义"，伦理陈述表达了什么心理状态类型是将其区分于其他主流元伦理学观点的关键。

在本章，我们将讨论该观点对应的几个日益精致的版本，以及对这种观点日益精致的反驳。但我们从一些哲学工作者支持这种观点的一般性理由开始探讨。

重点 表达主义是反实在论的一种形式，它将伦理陈述理解为评价态度的表达，而不是表征实在的信念。

支持表达主义的论证

支持表达主义（或任何其他元伦理学观点）的完整实例只能从其他理论选择的比较中获得。因此，在第 6 章中，我们将尝试绘制元伦理学中各种理论的成本和收益。但在讨论这个问题之前，让我们探究表达主义解释的三个相关动机。

休谟定律与开放问题直觉 + 自然主义世界观

在第 3 章我们讨论了休谟如何阐明"应当"与"是"之间有一个重要的概念区分。这强化了一些开放问题式论证支持非自然主义。但 A. J. 艾耶尔（1936/1946，第 6 章）认为对休谟定律和开放问题直觉都有效的一个回应是，主张伦理思想和话语不涉及表征实在。也就是说，表达主义的基本思想是，相较于根据伦理陈述表征的（自然 vs 非自然）事实类型来捕捉"是"与"应当"的差异，可以通过伦理陈述的表达功能来捕捉。具体言之，假设日常陈述表达关于实在的信念，表达主义者主张，伦理陈述表达一些非认知性或非表征性的心智状态——诸如欲望、情感、偏好或计划。

理解难点 1 表征性心智状态和非表征性心智状态的区别是什么？

如果你发现休谟定律和开放问题直觉有说服力，并且你承诺一个彻底的自然主义世界观，那么表达主义的解释可能看起来很不错。这并不是说表达主义者必须否认存在非自然事实（和伦理陈述是关于这些事实的）。但他们会主张，一旦我们认识到伦理陈述和它们所表达的心智状态具有根本不同的功能，就没有解释或理论上的需要来假设一个独立的非自然事实领域。**极简原则（principle of parsimony）**鼓励我们无需它们。

源自动机性内在主义 + 休谟式动机理论的论证

许多哲学工作者发现，将行动看作两种不同的心理状态的产物是富有启发性的——一种是表征实在的状态，另一种是能动者设定改变实在的目标的状态。这些通常被称为信念和欲望。休谟式动机理论认为，需要两者结合人们才能被激发去行动。

接受休谟式信念—欲望动机心理学并没有因此承诺任何特定的元伦理学观点。但如果我们也被某种形式的关于伦理思想的动机性内在主义吸引，表达主义就变得越来越有吸引力。回想一下，动机性内在主义认为，在伦理思想和动机之间存在着某种特别紧密的联系。例如，认为偷窃是错的似乎与一个人被激发不去偷窃密切相关。当然，有时我们会做一些我们认为错误的事情。但这一般可以通过我们被诱惑、愤怒、嫉妒等相反的动机压倒来解释；也可以被我们在做错事时没有完全理解自己在做什么来解释。所以，一般来说，如果有人认为她不应当 ϕ，但完全没有动机去克制 ϕ，那就很奇怪了。

如果伦理思想的显著特征是它们与动机有内在联系，而人们认为仅靠信念无法激发行动，那么自然而然的结论是，伦理思想不是关于实在的信念，而是类似欲望。伦理思想嵌入目标，而不是描述世界。如果这是正确的，那么有助于解释动机性内在主义是对的。这也是为什么表达主义者认为伦理陈述表达类似欲望的心智状态，而不是关于实在的信念。

87

你可能好奇这些状态被称为"类似欲望"是什么意思？这意味着他们是目标嵌入式的（goal-setting），而不是实在表征式的（reality-representing）。我们可以区分几种不同类型的目标嵌入式心理状态：普通欲望（例如，想吃一些牡蛎），比较性偏好（例如，更喜欢住在纽约而不是悉尼），道德立场（例如，憎恶种族主义），条件性计划（例如，如果看到溺水的孩子，打算救他）。对表达主义者来说，一个更重要的问题是，他们对道德判断的本性更具体的解释是什么。[1]但就源于动机性内在主义的论证而言，它必须是某些"类似欲望"的心智状态。

重点　如果休谟式动机理论是正确的，那么表达主义将为道德判断如何内在地关联动机提供一个合理的解释。

源于随附性的论证

表达主义另一个动机与**随附性**有关。判断一个行动被允许，而另一个行动不被允许，我们必定认为，两个行动之间存在一些基础的非伦理上的差异。由于这个原因，许多哲学工作者认为伦理是随附于非伦理的。

黑尔（R. M. Hare，1952）与西蒙·布莱克本（Simon Blackburn，1971）认为，表达主义对我们的随附性直觉提供了一个相当令人信服的解释。他们的想法是，拒绝非自然主义者关于两个截然不同的事实领域（伦理和非伦理）的图景，必须以确保随附性的方式来解

---

[1] 因此，表达主义者和对他们道德陈述表达的陈述的本性的批评者有许多文献。在这些文献中，该心理状态通常被称为道德"判断"，但该思想并不将判断行为区分于信念与意图状态。相反，该思想是为了研究是否真的有一种心理态度可以扮演表达主义理论所需要的心理角色。见汤姆森（Thomson，1996）和史密斯（2001）的批评性讨论，以及 Köhler（2013）的回应。

释它们的关系。他们认为，关于我们对实在的类似欲望的反应，随附性直觉反映了一种自然的一致性约束。如果有两种情况在所有描述性方面完全相同，那么赞成其中一种而不赞成另一种就是没有根据的（arbitrary）。

更进一步而言，如果人们规范地持有并表达这种没有根据的态度，会削弱拥有这些态度的自然的协作机制。基于这一点，表达主义认为，随着时间的推移，对这些态度会有一致性约束的压力。事实上，这种约束已经成为相关伦理学术语意义的一部分。表达主义者认为该概念性历史正体现在我们的随附性直觉上。

为了更具体地阐释该思想，考虑一个分蛋糕的非道德例子。如果一个人认为两块蛋糕在所有相关方面都是相似的（同样的大小，同样的种类，同样的味道，等等），那么很难理解为什么有人更偏好其中一块而不是另一块。换句话说，如果有人说"我知道他们在x，y，z方面完全一样，但我想要的是A而不是B"，我们会倾向于认为它们在其他方面不同来解释欲望上的差异。人们对蛋糕的偏好看起来随附于一系列描述性特征（大小、种类、味道等）。

如果道德以这种方式随附于非伦理事实，伦理思想就像表达主义者主张的那样类似欲望，那么我们可以提供同样的解释，在非理性的痛苦下，为什么伦理评价上的任何差异都必须建立在非伦理特征存在相关差异的假设之上。这是一个**最佳解释推理**。表达主义者认为对伦理随附于非伦理的最佳解释是，伦理思想是我们如何看待非伦理事实的类似欲望的反应，而不是独立的非自然事实领域的信念。

版本与反驳

为了评价对表达主义的一些反驳意见的力量，这里勾勒该观点的几个更具体的版本是有益的。我们将使用这些概略内容来解释反驳意见，并探索改进表达主义以避免反驳的路径（尽管通常会引发新的反驳）。下面的每一个版本都被认为比前一个更可信，一定程度上回应了反驳，尽管一些反驳仍然有待回应。

情绪主义

查尔斯·史蒂文森（Charles Stevenson）的"伦理术语的情绪意义"（1937）与 A. J. 艾耶尔（1936/1946，第 6 章）的"宗教与伦理学批判"是当代表达主义理论两份关键的开创性文献。史蒂文森从普通语言出发，认为伦理语词主要用来发泄感受（vent feelings）、创造情绪（create moods）和激发人们去行动——而不是记录、澄清和交流信念。艾耶尔的基本观点是，伦理陈述不应视为试图陈述事实，而应视为作为工具，表达对事实（或至少是我们所认为的事实）的情绪反应。由于不清楚史蒂文森是表达主义先驱还是相对主义先驱，这里我们聚焦于艾耶尔。[1]

89 　艾耶尔实际上认为诸如"善"与"正确"伦理语词至少有两种用法。首先，它们被用来描述不同人群的道德；其次，它们被用来表达一个人关于什么是善或正确的意见。根据艾耶尔，以第一种方式使用伦理词语的陈述是社会学描述而不是规范性判断的表达。我们可能会说，"在沙特阿拉伯，穆斯林妇女在公共场合不戴帽子是不对的"。这不是在谴责穆斯林妇女在沙特阿拉伯不戴帽子，而是在描述沙特阿拉伯社会的道德敏感性。相反，艾耶尔认为以第二种方式使用带有伦理词语的陈述不是对道德敏感性的描述，甚至不是对我们自己的道德敏感性的描述。而是说，它们是构成这些敏感性的情绪的直接表达。例如，如果一个人说"偷窃是错误的"，艾耶尔的观点是，这表达了一个人对偷窃的消极态度，而不是描述偷窃

―――――――――

[1] 对斯蒂文森的深入讨论，见克里斯曼（2013）与特雷尚（Tresan）（2013）。

或那个人对偷窃的态度。

有一种方法对该理论的概念化有帮助，伦理语言的"嘘声 / 赞美！理论"。艾耶尔认为，当我们说某事物是错的或坏的，不是将它描述为具有某种特定属性，而是表达对它的一种消极情绪——就像嘘声（*booing*）。同样，说某事物是对的或好的，并不是将它描述为某种具有特定属性，而是表达对它的一种积极情绪——就像赞美（*hooraying*）。

理解难点 2　描述自己的某种感受和表达这种感受有什么区别？

艾耶尔的论证有四个值得注意的特征。

第一，他认为道德分歧是无意义的，除非建立在共同价值观的假设之上。他的想法是，在许多伦理讨论中两个人有共同的伦理观。例如，也许他们都认为导致一些人生活赤贫的经济条件是道德上坏的。考虑到该共同伦理观，他认为相关问题可以有真正的分歧，如一个特定的政府政策是否是道德上坏的。然而，根据艾耶尔，该分歧不属于伦理分歧，尽管表面上像。他认为这是在关于贫穷的共同价值观下的事实性分歧。如果两个政党有不同的价值观而产生分歧，他认为他们产生分歧是愚蠢的。据此，他认为不存在真正的伦理分歧。所谓的伦理分歧要么是人们在共同价值观背景下存在事实性分歧，要么仅仅因为人们没有享有相同的伦理观。

其次，艾耶尔认为，道德哲学工作者实际上没有太多事情要做。他认为不同人有不同价值观（这是任何人类学家或社会学家都可以告诉我们的），道德哲学工作者要做的就是指出伦理语词没有事实性意义。艾耶尔认为，剩下的任务是描述不同伦理语词表达的不同感受，这是心理学而非哲学的事情。

第三（也是最著名的），艾耶尔主张伦理陈述"……不在真与假的范畴之下"（1936/1946，108）。用当代行话来说，他认为它们

90

没有**适真性**（**truth-apt**），即难以评价真或假。他的想法是，由于伦理语词表达情绪态度而不描述事实，难以恰当地说伦理陈述是真的还是假的。

第四，比较相近，艾耶尔认为伦理语句不表达命题，只有**情绪性意义**（**emotive meaning**），没有事实性语句的那种意义。[1]

正如我将在下面解释的那样，艾耶尔情绪主义这四条引人注目的信条为表达主义的许多批评确定了议题，从艾耶尔开始，表达主义者就以这样或那样的方式试图表明，艾耶尔的这些反直觉的结论不是表达主义基本方法强加的，该基本方法聚焦伦理陈述表达了什么，而不是表征了什么。

重点　情绪主义是表达主义的一种极端形式，以"嘘声"和"赞美"的模式构成伦理陈述。

分歧和规约主义

无论艾耶尔怎么说，从直觉上讲，似乎确实存在真正的伦理分歧。想想看，你的朋友及家人对脸书在伦理上有罪、跨性别权利、女性专用空间或吃肉的道德会有各种各样的看法。更进一步而言，这似乎有根深蒂固的文化差异，导致一些人群支持特定政策，而另

---

[1] 艾耶尔对他的理论的论证依赖于**意义的证实理论**（**verficationist theory of meaning**）背景，主张一个语句是有意义的，当且仅当能被证实为真或假。基于此，艾耶尔主张许多哲学工作者的形而上学观点是不可证实的，严格来讲是无意义的，然而，当运用于伦理陈述时，艾耶尔的证实主义面临一个障碍。伦理陈述通常看起来无法证实。（有多少主体间可获得的证据能够证实，例如，妊娠中期流产是不道德的或吃肉是道德上错误的？）尽管如此，这些陈述看起来相比艾耶尔想要抛弃的传统形而上学思想有更清晰的意义。因此，艾耶尔提出"情绪意义"概念并主张伦理陈述拥有它，即使它们缺乏可被证实的陈述所具有的那种事实性意义。

一些人支持不兼容的政策。只需看看专家们讨论全民公决的利弊，或者听听全国大选前的政策辩论。

艾耶尔试图将这种伦理分歧表象归结为对某些基础事实性问题的分歧。有些人对允许性别自我认同的法律的反对，可能建立在这样的信念上，这些法律会导致公共厕所发生更多的性侵犯。另一些支持性别自我认同的人可能认为，如果关于公共厕所性侵犯增多的信念是真的，那么该法律确实是坏的。但后者在这些事实性问题上可能不赞同前者。因此，在一定程度上，前者与后者关于性别自我认同的伦理分歧表象，主要以对法律后果的事实性看法的分歧为基础。艾耶尔对这个案例的描述看起来相当不错。他们的"伦理分歧"实际上以事实性分歧为基础。

然而，如果你曾经与人在性别自我认同或其他热点伦理话题上有过分歧，你肯定会有这样的印象，即使在澄清了所有事实性分歧后，你仍然会与对方有分歧。一些人看起来与我们在价值观上有根本分歧。如果这是正确的，那么似乎就有真正的伦理分歧，这对任何蕴含不存在伦理分歧的立场而言，都是一个严重的问题——如艾耶尔的情绪主义。

91

理解难点 3　以下哪些属于事实性分歧而非道德问题：（i）某些特殊符号，如联邦旗帜或纳粹标志是否冒犯；（ii）全面接入初级医疗保健能否使得总体医疗保健成本低于私人保险体系；（iii）死刑能否有效威慑严重犯罪？

表达主义对来自分歧的反驳的主要回应是远离艾耶尔的伦理陈述仅仅表达了感受的观点——两个人可能无法共享态度，除非他们难以明智地（sensibly）对之产生分歧。当代表达主义者现在主张，除了拥有不一致的信念外，还有其他方式可以表达分歧。史蒂文森是该想法的早期支持者，诉诸"态度分歧"这一思想。例如，如果

你更偏好我们出去吃饭，而我更偏好我们待在家里吃饭，那么我们在偏好上就会有分歧：我们不可能都得到自己偏好的东西。（重要的是，这些都是我们做事的偏好。）同样地，想象一下，你的母亲告诉你："给你可怜的阿姨买一份生日礼物！"你爸爸说："不，不要那样做！不管怎样，她都会讨厌的。"你的父母在告诉你做什么上存在分歧。你不可能同时遵循他们的命令。此处，我们在规约上有分歧，而不是在信念上有分歧。

R. M. 黑尔（1952）认识到规约与解释伦理思想和话语的相关性，为**规约主义**作为一种伦理语言理论进行了辩护。这是另一种形式的表达主义。其基本思想是，伦理陈述类似规约性命令而非描述性命令。但黑尔认为它们不同于典型的命令，因为它们体现了一种"可普遍化的规约"，一种在类似情况下适用于所有人的规约。

用一个被广泛讨论的思想实验，**传教士和食人族的例子**，黑尔认为表达主义不仅对真正的道德分歧有解释，而且比表征主义理论解释得更好。在这个例子中，他让我们想象一个传教士登陆了一个遥远的岛屿，带着一本将当地语言翻译成英语的字典。观察当地（用他们的语言）称为"好"的事物，传教士注意到两件事。首先，他们似乎赞成他们称为"好"的事物，努力奋斗促进它们。其次，他们所说的"好"与传教士所说的"好"是完全不同的。食人族认为勇敢并收集大量头皮的人是好的，而传教士认为温顺有礼的人是好的。

92　　黑尔认为，如果我们认为"好"这个词用来描述事物具有某种属性，那么我们就不得不得出这样的结论：传教士的"好"和食人族的"好"仅仅有着不同的意义。这就像英国人用"足球"这个词来指称一种用脚踢圆球的游戏，而美国人用这个词来指称一种携带并用手抛出椭圆形球的游戏。如果他们不将这个语词用在一件事情上，那并不是因为他们有分歧；而是因为他们在不同意义上使用该语词。

但黑尔认为，很显然，传教士和食人族在"好"的用法上确实存在分歧。正因为如此，他认为他们的分歧不可能是关于勇敢并收集大量头皮是否有好的属性，而必定是态度和规约上的分歧。我们可以说，食人族更偏好人们勇敢地收集头皮，用"好"来表达这种偏好，他们（在黑尔看来）把勇敢行动和收集大量头皮作为一种可普遍化的规约；传教士更偏好与此不相容的东西，用"好"这个词来表达这种偏好，他（根据黑尔的说法）制定了一个可普遍化的规约来做一些不同的事情。

如果对你来说，这个例子的分析是可靠的，那么你可能倾向于同意黑尔的观点，即伦理语言是规约性的。更进一步而言，如果你能够说，黑尔的伦理分歧是真正的，但是态度 / 规约分歧而非信念分歧。以这种方式，黑尔避免了表达主义的艾耶尔形式遇到的主要一个反驳。

然而，其他哲学工作者担心，伦理陈述和规约不是同一件事。例如，有人会说，如果世界上的人少一点就好了（因为这样可以减少人类对自然环境的压力）。这似乎是一个伦理陈述，但不清楚它有无做出任何特定规约。（可以确定，它没有规约每个人都不要生孩子。）

布莱克本和吉伯德讨论伦理的严肃性

为了看到表达主义者的前进方向，现在让我们回到艾耶尔的思想，他认为道德哲学中没有太多切合实际的工作要做，因为道德语言实际上是表达感受，而不是报道事实的方式。当他提出该思想的时候，你可以想象道德哲学工作者们对此不以为然！表达主义者似乎没有理由必须去支持它。

从休谟开始，我们就有了这样的想法，我们的一些思想和话语最初看起来好像在表征实在，尽管它其实涉及将我们的态度投射到实在上。用休谟生动的术语讲，我们用自己的情感（sentiments）给实在"镀金并染色"（gild and stain）。例如，在我们讨论任何哲学之前，看起来一个比利时巧克力冰淇淋的蛋筒具有以下两个属性（包括其他属性）：它是冷冻的，而且是美味的。然而，经过反思，我们应该开始看到这里的区别。冰淇淋的冰冻是其原子部分微观物理相互作用的产物，即便周围没有拥有知觉的物种感知它，也仍然存在。但它的美味似乎一定程度上是我们投射到冰淇淋上的东西。事实上，不难想象有人会觉得比利时巧克力冰淇淋恶心，而不是美味。它实际上是好吃的还是令人恶心的？可能"实际上"两者都不是。这不同于它实际上是冷冻的还是液体的问题。即便如此，关心哪些东西好吃，哪些东西恶心仍然是有意义的。毕竟，它们的美味／恶心在某种程度上由我们"镀金并染色"，但这并不能改变我们发现它们美味／恶心的事实涉及吃它们时的快乐／痛苦。

理解难点 4 以下哪一项是我们投射到实在的特征，而不是独立于我们"镀金并染色"趋向的可信的候选：（ⅰ）笑话中的幽默，（ⅱ）纽约和悉尼之间的距离，（ⅲ）地球大气的温度，（ⅳ）现代艺术中的美？

表达主义者通过两种方式来发展这种思想，以拒绝艾耶尔关于道德哲学大多是空洞的论点。首先，布莱克本（1984）提出了表达主义的一种形式**投射主义**，该版本认为，我们的伦理评价涉及将我们的价值观投射到我们周围的世界上。在他看来，我们这样做有助于伦理思想和话语的合作功能（coordinative function）。如果我们不把伦理仅仅看作是嘘声和赞美，而将它看作为了我们自己的实践慎思，同时影响他人而给实在"镀金并染色"，我们就可以开始理解伦理话语如何影响我们道德共同体中的行动和偏好了。

其次，艾伦·吉伯德（Allan Gibbard，1990）提出了一个他称为**规范—表达主义**的版本。根据该版本，当我们在做出伦理陈述时，表达我们对规范体系或一般规则的承诺。接着，他认为当这些承诺与关于实在的具体信念结合时，为如何行动提供了指导。（这是对上面提出的问题的回答，伦理陈述表达了何种具体的类似欲望的状态。）吉伯德认为，为了共同生存而承诺的相似规则的社会效用，为人类会发展出一种方式表达他们对规范的承诺，提供了充分的演化理由。这为合作的基础规则提供了一个方便的手段。这对于人们找到一种共同生存的方式，并通过持续的对话和集体性实践慎思来改善这种方式，似乎是非常重要的。

因此，我们在布莱克本和吉伯德的早期作品中看到，一种为何道德哲学非常重要的表达主义友好的解释可能性。这不是因为它致力于对客观实在进行正确表征。伦理学不同于物理学。伦理讨论是一个我们表达价值观和承诺以合作并改进共同生存方式的地方。此外，只要我们认为这些价值观和承诺是为群体而不是个体服务，这些表达主义者也会有资源来应对上述讨论过的分歧挑战。

尽管如此，投射主义与规范—表达主义关于伦理陈述表达什么的思想遗留了一些关于伦理语言的重要问题有待解答。接下来我们讨论。

适真性与准实在论

伦理学中没有客观真理的常见思想可能—— 只是一种意见（opinion），但艾耶尔认为伦理语句没有适真性从语言哲学上提出了有力的反驳，这些反驳与我们在日常伦理话语中使用"真"这个词，以及相关日常伦理话语有关。请考虑以下对话：

（A）说谎是错误的。

（B）那是真的，但这是一个没有说出所有真理的实例，不是撒谎。

（C）酷刑在极端情况下是可以的。

（D）不，你对酷刑的看法是错误的。事实上，酷刑总是错误的。

这些都是日常生活中会说的话语。但是，如果艾耶尔是对的，伦理语句甚至难以承担真假，那么B说"那是真的"如何有意义呢？如果伦理陈述表达非认知性态度而不是信念，那么D所说的，C相信酷刑的说法难道不荒谬吗？此外，如果没有伦理事实，酷刑怎么总是错的呢？

即使你倾向于认为伦理思想和话语给实在"镀金并染色"而不是表征，你也应该担心表达主义赋予这些日常伦理话语元素的能力。将"真""相信"与"事实"与伦理陈述结合在一起，看起来不是无稽之谈。

此外，表达主义者往往主张对日常伦理话语提出一个相较错误论更宽容的解释。但是，除非表达主义者能够在伦理学中合法地使用"真"及相关术语，否则看起来他们避免主张对伦理术语的日常使用是错误的，仅仅因为通过主张对"真""相信"与"事实"术语的日常使用是错误的。这看起来仍不够宽容。

理解难点 5 伦理语句具有适真性是什么意思？

布莱克本（1984，1993）率先回应了这种担忧，这种担忧已成为当代表达主义者的标准。他认为，困难不在于表达主义者对伦理术语的看法，而在于哲学工作者对"真""相信""事实"及相关术语的一个常见的假设。该假设是，这些术语只适用具有表征性的话语和思想领域。该假设源于**真之符合论**，即一个命题只有在与现实相符的实例中才为真。重要的是对布莱克本的目的来说，这是一个有关真理的极具争议的观点。

一个竞争性观点是**真之紧缩论**，认为真谓词仅仅是一种语言或逻辑装置（logical device），允许我们谈论我们赞成的（可能的）陈述或信念。例如，紧缩论者会说，我们在这里知道的所有事情，就是知道该真理，我们总是可以从 p 推出 p 是真的，反之亦然。也就是说，关于语句旨在表征什么实在，我们无需知道任何事情，对于语句如何符合实在，我们无需有一个理论。对像布莱克本这样的表达主义者而言，这是一个重要的资源。紧缩论允许他们拒绝艾耶尔的不可靠的版本，并接受伦理语句具有适真性，即使它们不表征实在。

　　同样地，我们可能认为"相信"一词指称一种以某种方式表征实在的心理状态，就像我们头脑里有一个图景。但如果我们视之指称了真诚地做出或赞成该陈述时涉及的任何心理状态，那么表达主义者就没有理由说伦理陈述表达的心理状态不是信念。更进一步而言，相信与言说之间似乎没有什么区别，例如酷刑是错误的，这是真的，与相信或说酷刑是错误的是一个事实。所以关于"真"和"信念"的紧缩论似乎支持关于"事实"的紧缩论。

　　你可能知道这是怎么回事了。通过对"真""信念""事实"，以及其他相关术语采取紧缩论，表达主义者似乎可以避免上述简短对话产生的担忧。布莱克本认为这一思路开启了**准实在论**。这是一个夺回表达主义使用"真""相信""事实"之类术语权利的计划，这些术语以前被认为只属于实在论者。由此产生的表达主义观点是准实在论的，能够自由地说伦理陈述具有适真性，它们表达的伦理信念可能是真的，但解释了为什么这没有使表达主义者承诺实在论。通过拒绝真之符合论，表达主义者能够避免这样的想法，伦理陈述不具有适真性或伦理陈述无法对事实进行信念表达。

　　重点　真之紧缩论让准实在论表达主义能够去说，伦理陈述具有适真性，不会破坏他们承诺伦理陈述不表征实在。

96　　　即使你和表达主义者走到这么远了，可能仍会担心这种观点蕴含着，什么是正确或错误的取决于我们碰巧认为什么是正确或错误的。我们将在第 7 章看到，有一些元伦理学工作者接受了某种形式的有关伦理学的心智—依赖解释。然而，对像布莱克本这样的表达主义者来说，准实在论计划的下一步是，一旦他们赢得了在伦理话语中使用"真""相信""事实"等术语的权利，就没有什么能阻止他们否认心智—依赖的主张。例如，考虑以下对话：

　　（A）严刑拷打他人是错误的。

　　（B）确实，但如果我们都不反对的话，那就没有错误了。

　　（A）不，那不对；即使我们都不反对酷刑，它仍然是错误的。

　　表达主义者想要能够支持 A 说的。但如果他们认为 A 的第一个陈述主要是对一个评价性态度的表达，他们可以怎么做呢？因为他们会坚持认为 A 的第二个陈述同样是对一个评价性态度的表达。这有点像对我们都没有不赞成酷刑的可能事态表达了负面性评价。

　　但是，你现在可能会疑惑，这如何区别于道德实在论？如我在第 1 章中提到的，我们不完全清楚应该如何概括实在论。在第 1 章我提出了第一个粗略定义，实在论主张伦理事实客观实存，它们是实在的一部分。然而，我在第 1 章注释［1］（中文版第 18 页）中提及，这个定义不精确，因为一些哲学工作者可能会说，酷刑是错误的，这是客观事实，但他们接着又否认他们这么说是在形而上学意义上描述实在的样貌。我关注的哲学工作者有布莱克本和吉伯德这样的准实在论表达主义者。他们关于"真""信念""事实"的紧缩论立场使他们处于这样一种地位，能够谈论伦理事实，却不明显地承诺伦理事实是对实在样貌彻底的、终极的形而上学概括。如果我们想延续传统，将他们的观点视为伦理反实在论，就需要重新界定道德实在论，将之视为这样一种观点，对实在彻底且完整的形而上学描述概括将包括伦理事实。

　　就算如此，对准实在论仍有两个挑战。首先，如果我们对

"真""信念""事实"采取"走向紧缩论"，我们该在哪里停下来呢？这些概念似乎与"指称""属性""表征"与"客观性"等概念联系在一起。如果我们对所有这些术语采取紧缩论，我们可能没有稳固的方法来区分表达主义和实在论。其次，我们甚至不清楚这种"走向紧缩论"的举措是否适用于所有日常伦理话语，可能会诱使我们认为它们都是表征性的。"我知道我应当节约能源，但我总是忘记关灯"，这样的话语再平常不过了。但如果表达主义是正确的，我们应当节约能源的判断并没有表征实在，那么我们怎么能主张自己拥有伦理知识呢？不管我们对紧缩论的立场如何，大多数命题知识的观点都要求存在一些事实 p，而这个事实被认为是知道 p 的人追踪到的（tracked）。但是表达主义者似乎难以诉诸伦理知识的追踪概念，因为在伦理学上他们是反实在论者。

97

弗雷格—吉奇

现在让我们转向对表达主义最著名的挑战。语言哲学普遍认为，整个语句的意义是其各部分意义及其组合方式的函数。然后该意义以可预测的方式与语境相互作用，这样的语句被用来做出陈述以促进正常的语言交流。该**组合性假设**似乎提供了唯一可靠的框架来解释人类学习母语的惊人速度，以及我们如何轻松理解无限多的新句子。如果这是正确的，那么一个语句的任意部分都必须有一些稳定的内容，这些内容对涉及它的所有语句的意义都有贡献。

例如，考虑"玫瑰是红色的"和"消防车是红色的"两个语句。两者都包含"红色"一词。因此，根据组合性假设，两者可能有共同之处——"红色"的意义——该词对包含它的整个语句的意义有系统性贡献。当然，这些语句通常被用于不同语境，说话人有不同的交流目的，但重点是说英语的人当他们知道一个语词的意义时，知道了一些抽象的东西，比如"红色"。对这些语句中的其他语词也一样（以及我们能理解的任何其他语句）。如果这是正确的，那么我们可以认为语言学习者掌握了有限数量的语词意义，并掌握了一个将这些意义组合成无限多个意义完整的语句的有限原则。该基本思想是许多现代语义学的基础。

不幸的是，许多现代语义学已经与表达主义的早期版本，如艾耶尔的情绪主义产生了矛盾。约翰·塞尔（1962）和皮特·吉奇（1965）分别独立地首先指出了这一点，基于戈特利布·弗雷格（Gottlieb Frege）提出的一个观点；后来被称为**弗雷格—吉奇难题**。弗雷格提出的观点是，简单语句可以出现在更复杂的语境中，比如否定句（"事实并非如此……"）、疑问句（"情况是这样的吗……？"）、命题态度报告语句（"萨拉相信/怀疑……"），或者条件句的前件或后件（"如果……，那么……"）。塞尔与吉奇给表达主义制造了挑战，解释伦理术语出现在这些更为复杂的语言语境中时它们的意义。

为看清反驳意见的内容，出于论证需要，假设以下简单伦理语句没有事实性意义，并且（如艾耶尔所言）只表达消极的道德情感：

"虐猫是错的。"

"让弟弟虐猫是错的。"

98　　**理解难点 6**　我们如何将这两句话翻译成"嘘声"和"赞美"？

然后问你自己，情绪主义会怎样看待复杂语句的意义，复杂语句中嵌入这些语句。例如，考虑以下条件句：

"如果虐猫是错的，那么让弟弟虐猫也是错的。"

看起来简单语句的情绪"意义"难以成为这些语句的内容而构成更复杂的条件句。因为我们不需要对虐猫有任何负面的道德情绪来支持条件性语句。我们断言一个条件句——如果 p，那么 q——可以对其各个构成保持中立。例如，我们可以融贯地说，"如果虐猫是错的，那么让弟弟虐猫是错的"，但是"虐猫不是错的"。

吉奇强调了这一点，他认为表达主义者在看似明显有效的推论中制造了一种**模棱两可的谬误**。这个明显有效的推论是：

（1）虐猫是错的。

（2）如果虐猫是错的，那么让弟弟虐猫是错的。

（3）因此，让弟弟虐猫是错的。

吉奇的思想是，表达主义者认为（1）中的简单语句通过表达一种消极的道德情感而具有情绪性意义。但是，正如我们刚才看到的，他们必须主张前提（2）中条件句的前件具有其他意义类型。这意味着从这些语句推断出结论（3）的人在论证过程中模棱两可。但这显然不是该论证要说的。

由于这方面的压力，许多表达主义者对弗雷格—吉奇难题的回应都试图维护从（1）（2）到（3）的推理，以及类似的推理。例如，一些人追随黑尔的观点，认为伦理语句传达了某种规约，并注意到规约有着独立激发的逻辑属性。尽管断言（1）和（2）的人承诺（3）蕴含规约。（但这里是什么规约并不明显）。

另一些人，如布莱克本认为条件化的伦理语句用来表达同时拥有两种低阶态度的高阶态度。该思想认为（2）表达了这样的态度，不赞成任何拥有（1）表达的消极情感的人，并同时缺乏（3）表达的消极情感。

还有一些人，如吉伯德提出了更复杂的表达主义解释，在这种解释中，伦理语句的内容可以表征事实性承诺与计划性承诺（planning commitments）的组合，计划的逻辑约束有助于解释吉奇所考虑的推理的有效性。最近，布莱克本提出了另一种观点，逻辑连接词有助于追踪各种陈述与其他陈述联系起来的方式，有时将我们与其他承诺"绑在一起"，无论它们是评价性的还是事实性的。

我想讨论吉奇推理有效性的意义来结束这一节，而不是讨论这些建议的来龙去脉。核心挑战是，表达主义者如何解释语句内容，视它们具有相同的内容，无论伦理语句是断言的还是嵌入在更复杂的语言结构中。只要考虑一下我们可以将上面的简单伦理语句嵌入到谓词"毫无疑问……"或"可能是这样的情况……"。因为我们也可以在这些语境中嵌入其他陈述句，组合性假设给我们带来了很大的压力，让我们认为以这些方式嵌入的语句的意义有一些统一的解释。语言哲学的标准解释是陈述句（包括伦理的和非伦理的）表达命题，而这些命题在简单和嵌入语境中意义保持不变。因此，最近许多表达主义研究都是关于，在不放弃对比伦理语句与表征实在的语句之间差异的前提下，伦理语句能否支持这样的命题；如果不能，能否提供一些适用于伦理与非伦理实例通用的替代方案。

动机性内在主义

我们已经看到艾耶尔如何接受似乎源于其伦理语句的情绪主义理论的四个争议性思想：没有真正的伦理分歧，没有什么值得伦理学工作者去发现的严肃问题，伦理陈述没有适真性和伦理陈述只有情绪意义。艾耶尔之后的情绪主义者拒绝这些思想中的一个或多个，同时仍然试图坚持伦理话语的功能是表达动机性态度而非描述实在。

在这一章结束前，我想提的对表达主义的最后一种反驳来自动机性内在主义。回顾一下，该教条说的是，伦理思想能够无须类似欲望的心智状态的帮助激发行动（尽管不绝对）。一些元伦理学工作者担心这不是支持表达主义的坚固的论证，如果该论证失败，那么整个理论就失败了。

为什么我们可能怀疑动机性内在主义？纵观历史，哲学工作者们一直对**意志软弱**（akrasia）现象感到困惑，好奇一个人怎么

可能认为自己应当 ϕ，但当时机到来时却没有 ϕ。事实上，即使这么强的形式似乎也是可能的：当一个人认为他应当 ϕ，形成一个完整的承诺意图去 ϕ，但当时机到来时，他的意志变得薄弱。换句话说，如果不改变我们对伦理难题的看法，在时机恰当的时候就没有动机执行相关行动。

关于这是否可能有很多争论。但如果可能，似乎会给表达主义者伦理思想等同于类似欲望的态度的观点施加压力。由于类似欲望的态度被设想成一类需要在心理上被激发的态度；所以，我们怎么可能同时既拥有它们（在认为自己应当 ϕ 时），而又没有它们（遭受意志软弱）呢？例如，我们可以设想一个人处于严重抑郁之中，以至于他们失去了所有评价性情感（affect）。只要这个人仍然可以做出伦理陈述，表达主义对这些陈述的观点是，它们的功能是表达评价性态度。但是，由于假设，处于抑郁的人难以拥有该态度。这看起来是表达主义理论的一个问题。在评估你发现该反驳有多少说服力的时候，你会想要考虑，当表达主义者主张伦理陈述"表达"评价性态度时是什么意思。

结　论

元伦理学中的表达主义是一个家族相似性立场，试图取代表征主义与认知主义常见于大多数元伦理学立场的假设，主张伦理语句表达一个非表征性的心智状态。关于该心智状态是什么还没有一致意见，但被认为是一种能够解释伦理思想独特的动机性或行动导向特征的心智状态。有可能是情绪反应、偏好、欲望或计划。这些思想出现在艾耶尔的情绪主义、黑尔的规约主义、布莱克本的投射主义和准实在论、吉伯德的规范—表达主义，以及该传统最新发展出的大量观点中。

该观点能够被几种可兼容的立场刻画：

- 休谟定律和开放问题论证结合于自然主义
- 动机性内在主义结合于休谟式动机理论
- 随附性

然而，表达主义面临着许多严肃的反驳，包括以下：

- 分歧
- 适真性
- 伦理学的严肃性
- 语义学
- 心智—独立
- 动机性内在主义

这些反驳迫使表达主义者在几个重要的方面改进他们的观点。对于这些改进能否以保持表达主义核心动机的方式应对挑战，特别是表达主义者能否接受弗雷格—吉奇难题的核心组合性假设，目前还没有定论。

章节总结

- 表达主义者往往鼓励我们不要通过追问（i）被假定为实在事物的本性：伦理价值，开始元伦理学研究；而是研究（ii）我们实践的本性：进行伦理评价。他们对问题（ii）往往主张在伦理评价和表征实在之间存在一些有趣的差异。
- 如果你被自然主义世界观吸引，表达主义会被这样的思想激发，伦理学不同于描述自然世界（该思想在休谟定律和开放问题论证中以不同的方式表达）。
- 如果你被伦理判断的动机性内在主义吸引，那么你可以通过主张伦理判断在休谟式动机理论中扮演了独特的动机性而非表征性角色，它们必须是"类似欲望"而不是"类似信念"来支持表达主义。

- 伦理的明显随附于自然的，为支持表达主义提供了另一种论证。
- 艾耶尔的情绪主义是现代表达主义的先驱；他认为伦理陈述没有事实性意义，只表达积极或消极的情感，这意味着它们没有适真性，道德哲学和伦理分歧大多是空洞无物的。
- 黑尔提出了一种更微妙的规约主义观点，有资源将一些道德上的分歧解释为规约上的分歧。
- 布莱克本和吉伯德提出了一种更精致的表达主义形式，赋予伦理学严肃性，赋予表达态度而不是表征的语句的适真性。
- 对表达主义最著名的反驳是弗雷格—吉奇难题。布莱克本、吉伯德和其他学者已经提出了回应方案。

问题研究

1. 如果开放问题论证是支持非自然主义的论证，那么它怎么能同时支持表达主义呢？
2. 你能想出关于伦理判断的动机性内在主义的任何反例吗？它们是如何影响表达主义的？
3. 在黑尔的例子中，传教士和食人族所说的"好"指同一件事吗？
4. 对表达主义者来说，弗雷格—吉奇难题中"弗雷格的观点"指什么？为什么这对表达主义者来说是个难题？
5. 表达主义者赞同伦理难题是重要难题并赞同伦理判断可以为真吗？
6. 解释随附性，并解释随附性如何提供了一个支持表达主义的论证。

7. 在伦理陈述关乎陈述者的喜好厌恶上，表达主义和主观主义之间有什么区别？

102 **资源拓展**

- Armour-Garb, Bradley, Naniel Stoljar, and James Woodbridge. 2021. "Deflationism About Truth." In the *Stanford Encyclopedia of Philosophy* (Summer 2022 Edition), edited by Edward n. Zalta. https: plato. Stanford. Edu/archives/sum2022/entries/truth-deflationary/.［展现真之紧缩／极小论］

- Bar-On, Dorit, and Sias, James. 2013. "Varieties of Expressivism," *Philosophy Compass*, 8 (8): 699—713.［涵盖了更多表达主义形式，也适用于伦理学之外的领域。］

- Chrisman, Matthew. 2022. "Ethical Expressivism," In the *Bloomsbury Handbook of Ethics*, edited by Christian Miller Bloomsbury.［涵盖了表达主义的更多形式，呈现了最新研究的更多细节。］

- Philosophy Vibe. 2022. "The Frege-Geach problem (And the Quasi Realist Solution)." Youtube explainere video: www.youtube. Com/watch?v=7Wg117_ldf4.

- Schroeder, Mark. 2010. *Noncognitivism in Ethics*. Routledge.［介绍非认知主义的著作，包括表达主义的当代版本。］

- Woods, Jack. 2017. "the Frege-Geach Problem." In the *Routledge Handbook of Metaethics*, edited by Tristram McPherson and David Plunkett. Routledge, pp. 226—242.［对弗雷格—吉奇难题详细的解释和一些表达主义者的应对选择］

理解难点的答案

QU1：在第 1 章，我们诉诸了与世界"不同适配方向"的思想，来区分描述性态度与指向性态度。该想法是，信念试图适配世界之所是（为了真理），而意图、欲望、计划等试图使世界（来）适配它们（执行或满足它们）。也许有一些非表征性态度不是指向性的，但我们这里讨论的主要的非表征性态度是指向性的而非描述性的。

QU2：以某种方式描述自己的感受（例如，悲伤）表达了对世界的一种信念，只是世界的这种特定的方式涉及你及你的感觉。这种描述也可以是第三人称——由观察你的其他人给出。相比之下，表达你的感受（例如你的悲伤）会传递给你的听众。你可以用面部表情、哭泣或感叹来表达。对于"我感到很难过！"明确表达了什么——是用悲伤来描述自己，还是表达悲伤，或者兼而有之是有争议的。

QU3：难题（ii）和（iii）是事实性难题，但难题（i）涉及一个道德难题，什么构成"不尊重"。

QU4：特征（i）和（iv）是我们投射到实在而不是在实在中发现什么的最可靠的候选者，尽管需注意一些哲学工作者认为，甚至（ii）和（iii）在某种意义上是心智依赖的。

QU5：这意味着它们通常要么是真的，要么是假的。注意，我们通常可以评价"今天阳光明媚"这个语句要么是真的，要么是假的，但是"涂点防晒霜！"不是我们可以用真假评价的。（你会疑惑，"通常"是为了避免模棱两可与预设失败的情况，这些情况下一些哲学工作者想要主张相关陈述既不是真的也不是假的，但情绪主义者主张伦理陈述既不是真的，也不是假的，是以不同的方式出于不同的原因。）

QU6：我们会对"虐猫报以嘘声！""对让弟弟虐猫报以嘘

声！"请注意，后者中的如果—那么条件句在文本中没有那么容易转化为"嘘声"和"赞美"。

文献引用

Ayer, A. J. 1936/1946. *Language, Truth and Logic*. 2nd edn. London: V. Gollancz Ltd.

Blackburn, Simon. 1971. "Moral Realism." In *Morality and Moral Reasoning*, edited by J. Casey. London: Methuen.

Blackburn, Simon. 1984. *Spreading the Word: Groundings in the Philosophy of Language*. New York: Oxford University Press.

Blackburn, Simon. 1993. *Essays in Quasi-Realism*. New York: Oxford University Press.

Chrisman, Matthew. 2013. "Emotivism." In *the International Encyclopedia of Ethics*, edited by Hugh Lafollette. Oxford: Wiley-Blackwell.

Geach, P. T. 1965. "Assertion." *The Philosophical Review* 74 (4): 449—465.

Gibbard, Allan. 1990. *Wise Choices, Apt Feelings: A Theory of Normative Judgment*. Cambridge, MA: Harvard University Press.

Hare, R. M. 1952. *The Language of Morals*. Oxford: Oxford University Press.

Köhler, Sebastian. 2013. "Do Expressivists Have an Attitude Problem?" *Ethics* 123(3): 479—507.

Searle, John R. 1962. "Meaning and Speech Acts." *The Philosophical Review* 71 (4): 423—432.

Smith, Michael. 2001. "Some Not-Much-Discussed Problems for Non-Cognitivism in Ethics." *Ratio* 12(2): 93—115.

Stevenson, Charles L. 1937. "Emotive Meaning of Moral Terms." *Mind* 46: 14—31.

Thomson, Judith Jarvis. 1996. "Objectivity." In *Moral Relativism and Moral Objectivity*, edited by Gilbert Harman and Judith Jarvis Thomson. Oxford: Blackwell, pp. 104—111.

Tresan, Jon. 2013. "Stevenson. C. L." In *the International Encyclopedia of Ethics*, edited by Hugh Lafollette. Oxford: Wiley-Blackwell.

第6章

总结与图表

我们在前面几个章节中的努力工作现在将开始得到回报。在第 1 章，我们学习元伦理学如何是伦理学的哲学研究的一个分支，试图回答其他哲学领域的问题，如形而上学、知识论、语言哲学和心灵哲学，因为它们都应用于伦理学。在第 2—4 章，我们探究了四种主流的理论传统，通过具体的理论承诺与表征于图 6.1 的分叉点理解它们（对图 1.1 有略微增强）。

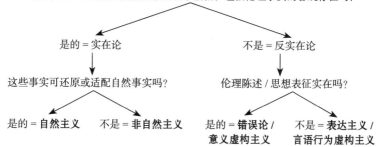

图 6.1　传统元伦理理论

现在可以生成一个图，沿着四个维度划分这些理论，并评价它们在每个维度上的相对置信度。本章的目标是画出这张图，促使你仔细思考这些观点中哪些最吸引人。为了做到这一点，你需要权衡每个理论的各种成本和收益。

重点 元伦理学的主要方法论是理论的成本—收益分析。这意味着，决定哪种元伦理学理论最具吸引力往往需要权衡其在形而上学、知识论、语言哲学和心灵哲学方面的理论收益与理论成本，然后将结果与竞争理论进行比较。

四个主流领域

为了制作这张图，我将以不同的顺序和更一般的视角回顾我们之前覆盖的一些相同的地基。

形而上学

回顾一下，元伦理学中出现的形而上学难题，伦理事实是否确实存在，如果存在的话，它们是什么样的。在第 1 章我建议，基于主流理论传统对客观伦理事实是否作为实在的一部分客观存在，主流理论传统可以首先分为实在论和反实在论。例如，谋杀是错误的，实在论者会说该事实是实在的一部分，"就在那里"，就像任何我们认为自己能够发现的其他客观事实一样。另一方面，反实在论者对我们发现的客观的伦理事实拒绝采取实在样貌的彻底解释。他们仍然坚持谋杀是错误的，甚至会说在事实上谋杀是错误的，但随后会主张，该陈述要么是字面上假的，要么是某种非认知性态度的表达，如谴责谋杀。

由于实在论者相信客观伦理事实是实在的一部分，戴着形而上学帽子，我们可以问他们这些事实是什么样的。我们已经观察到实在论理论的初步分裂。自然主义者主张伦理事实可还原或可识别适配为自然事实。这提出了一个重要问题，如何进行适配工作。非自然主义主张伦理事实非常不同于自然事实，以至于他们认为伦理事实是自成一类的——是它们自己的类，不能归为自然事实（也不能归为超自然事实）。这就提出了一个重要的问题，伦理的明显随附于自然的。

相应的，我们可以从表 6.1 开始。

表 6.1　元伦理学中的四种形而上学传统　　　　　　　107

形而上学	
自然主义	实在论 自然的
非自然主义	实在论 非自然的
错误论 / 虚构主义	反实在论
表达主义	反实在论

知识论

在前面章节，我对知识论的关注少于形而上学，但道德知识论提出了一些往往与形而上学难题密切相关的重要难题。如果你主张某种特定的事实存在，那么就有理由问你，如何知道这些事实存在。例如，我们如何知道泄露照片墙（Instagram）机密文件的脸书员工做了道德上好的还是坏的事情？或者当一个道德哲学工作者主张，一个诸如绝对命令的原则是至高无上（supreme）的道德原则——我们如何知道这是正确的？

这类知识论问题初看之下像给自然主义者制造的难题，因为他们主张伦理事实适配自然事实。这类事实我们可以通过结合经验观察、科学检验与理论化，以及反思（reflection）正常获知。不同自然主义者强调这些方法中的一种或另一种来获知伦理事实，取决于他们对什么是伦理事实的具体解释。例如，演化论自然主义者与后验自然主义者会强调我们关于生物学或化学复杂事实的知识，该类比使得他们强调观察、科学检验与理论化。相反，新亚里士多德式的自然主义者与相对主义者会强调反思，尤其反思我们的各种概念如何协同，哪类事物能够满足它们。不管怎样，大多数自然主义者接受道德知识的经验主义与融贯主义图景。据此，对我们道德信念的辩护衍生于这些信念在观察与反思网络中的整体融贯性。

　　实在论谱系的另一方面，由于非自然主义者认为伦理事实是非常不同的另一类事实，在解释我们如何获知这类事实的时候他们面临一个巨大的挑战。一些非自然主义者试图将伦理事实知识类比为这样的知识，我们通过前理论地（pretheoretically）理解或反思事物，在我们看来是什么样的来获得知识。另一些非自然主义者假设存在一种特殊的道德直觉官能。

108　　**理解难点 1**　对于非自然主义，需要诸如直觉主义道德知识论，这是成本还是收益？

　　反实在论者（错误论者／虚构主义者与表达主义者）拒绝实在包括伦理事实。因此当遇到告诉我们如何知道这些事实的问题，他们一开始就摆脱了困境。事实上，在大多情况下，哲学工作者接受该立场，是因为他们怀疑我们知道伦理事实的能力（至少像实在论者构想的那样）。如果伦理事实被认为是自成一类的非自然事实，那么反实在论者会怀疑我们能否知道它们（也许因为他们怀疑是否存在道德直觉官能）。或者，类似地，如果伦理事实是复杂的自然事实，涉及诸如完美之人的属性或一个属性自稳态簇的实例（instantiation of a homeostatic cluster of properties），那么反实在论者会怀疑我们能否知道这些事物。

　　这难以削弱一个观察，我们通常谈论假定的伦理知识。所以即使反实在论者难以解释我们如何追踪被认为实在意义上"就在那里"的伦理事实，他们仍然应该向我们解释关于道德知识的日常话语表达了什么意思。除非反实在论者想说，主张知道这样的事情是错误或荒谬的，如谋杀是错误的，否则需要提出一些关于伦理知识的非追踪性解释。目前尚不清楚这是否应该视为反实在论者的"知识论"，反实在论者也没有统一的说法。虚构主义者倾向于强调将知识类比其他虚构。精致的表达主义者关于该难题倾向于提出准实在论理论。

在任何情况下，我们都可以使用上面的反思来扩展表 6.2。

表 6.2　形而上学和知识论中的四种元伦理学传统

	形而上学	知识论
自然主义	实在论 自然的	经验主义 / 融贯主义
非自然主义	实在论 非自然的	直觉主义
错误论 / 虚构主义	反实在论	怀疑论或虚构主义
表达主义	反实在论	怀疑主义或准实在论

语言哲学

语言哲学中元伦理学的主要难题是伦理语句是否表征了实在。该难题引出了一个不同的分组：错误论者 / 虚构主义者赞同非自然主义者和自然主义者的观点，从字面分析时，伦理语句表征实在。只是错误论者 / 虚构主义者通常否认从字面上分析的基础伦理语句成功地表征了实在。

理解难点 2　为什么错误论者和虚构主义者把他们在语言哲学中的核心主张限制在基础伦理陈述而不是所有伦理陈述？

此处的主要对比是，表达主义认为伦理陈述的功能不是表征实在，而是表达某种非认知性态度。例如，不同的表达主义者试图提出这样的建议，伦理判断是情绪负载的评价，复杂地联结偏好和意图、计划或某种欲望。因为这种观点，早期表达主义者否认伦理陈述具有适真性。这意味着这些哲学工作者认为，从严格意义上说，一个伦理陈述是真的或假的是错误的，因为这样的话语实际上是在表达非认知性态度而不是表征实在。然而，最近更多表达主义者将表达主义与真之紧缩论结合起来，发展出了精致的形式。如果该思路是正确的，那么伦理陈述可以具有适真性，但仍然表达非认知性态度而不是表征实在。

重点 表达主义者是伦理语言的反表征主义者；其他理论属于表征主义。

这意味着我们可以用表 6.3 来进一步扩展我们的图表。

表 6.3　形而上学、知识论和语言哲学中的四种元伦理学传统

	形而上学	知识论	语言
自然主义	实在论 自然的	经验主义 / 融贯主义	表征主义 适真性
非自然主义	实在论 非自然的	直觉主义	表征主义 适真性
错误论 / 虚构主义	反实在论	怀疑论或虚构主义	表征主义 适真性
表达主义	反实在论	怀疑论或 准实在论	反表征主义 非适真性（或紧缩论）

心灵哲学

我们已经讨论过的元伦理学的最后一个领域是心灵哲学（尤其是它与行动理论和道德心理学相联系）。此处，初步划分与语言哲

学中的划分相同。实在论者（包括非自然主义者和自然主义者）都认为，伦理判断表达的心理状态是认知性的，或者如我们之前描述的，是"类似信念"的状态。这意味着这些状态是关于实在的，作为实在论者，这些哲学工作者认为一些伦理信念是真的。

错误论者和虚构主义者倾向于接受第一部分：道德思想是认知性的。但他们否认第二部分：基础道德思想从来都不是字面上正确的，而是基于某种本体论错误或隐蔽的虚构。同样，与之相对的是表达主义。根据这种观点，伦理判断所表达的心理状态是非认知性的，或者如我们之前所说是"类似欲望"的状态。

认知主义者与非认知主义者在伦理思想上的分野，对于理解动机性内在主义问题上的各种元伦理观点立场非常重要。正如我们在第 1 章讨论过的，一些哲学工作者已经被说服，伦理判断与行动的联系要比关于实在的普通信念更紧密；因此，他们支持这样一种观点，伦理判断至少保证了一些（条件性的和可击溃的）动机去激发行动。

例如，动机性内在主义说，如果我真诚地判断，给慈善机构捐款对我来说是正确的事情，我至少会被激发去给慈善机构捐款。相比之下，动机性外在主义拒绝该观点，主张尽管伦理判断通常与我们的欲望、意图和计划有关，但一个人真诚地做出伦理判断并且完全没有被促动去按照伦理判断行动，这没有不融贯。因此，元伦理学理论可以根据它们在动机性内在主义 / 外在主义问题上的立场进行划分。

理解难点 3　一个理论与动机性内在主义保持一致是成本还是收益？

到目前为止，我们考虑过的大多数观点都与信念—欲望（"休谟式"）动机心理学的某些版本相融贯。这些版本说的是，涉及行

动动机的心理状态可以清晰地分为两种，一种旨在适配世界（"表征"事物如何存在），另一种旨在改变世界以适配它们（关于如何使得事物成为这样的"规约"）。如果我们接受这一点并结合动机性内在主义，就受到压力去接受表达主义。该思想是，与关于实在的信念相比，伦理判断与动机的联系更紧密，因为它们的动机性力量以类似欲望的状态为基础，而不是以类似信念的状态为基础。

有可能拒绝这种压力。一种方法是主张由于它们关于伦理判断与产生欲望紧密相关，需要被激发按照这些判断行动。例如，非自然主义者有时会提出，伦理事实是非自然的，其中一个理由正是它们是一种特殊的事实，认识到这一点往往会使人产生欲望照其行动。事实上，这种像非自然主义理论一样考察伦理事实的方式，是错误论者与虚构主义者主张确实不存在任何伦理事实的部分理由，尽管我们的言说与行动显得它们存在。所以，在这一方面，错误论者和虚构主义者会赞同非自然主义者的心灵哲学（但不同意他们的形而上学）。

对于该难题，自然主义者通常会持有两种立场中的一个。一些自然主义者认为，伦理事实最终是关于我们自己的道德观点或意图的事实，被理解为是为了共同生存而心照不宣的共识的一部分。如果这是正确的，那么自然主义者能够以类似于非自然主义者的方式接受内在主义：主张伦理判断和动机之间独特的内在联系由判断保证。由于伦理判断某种意义上关乎我们自己的动机性状态，因此与关于实在的普通信念相比，伦理判断与动机的联系更紧密就不足为奇了。另一些自然主义者反对动机性内在主义，他们认为，尽管一个人做出伦理判断和至少在某种程度上被激发之间可能存在一种正常的（normal）联系，但这不被奠基，也不体现伦理判断的独特性。

一旦拒绝动机性内在主义的可能性，看起来就能兼容非自然主义了。对于错误论者批评非自然事实是"古怪的"（因为它们具有内在激发性），也许最好的回应是说它们根本就没有内在激发性。有人可能会说，这类事实会正常地激发那些认识它们的（好）人。

考虑到这些因素，我们制作了表 6.4 作为完整的图表。

表 6.4 形而上学、知识论、语言哲学和心灵哲学
（括弧中有替代性承诺可选）中的四种元伦理学传统

	形而上学	知识论	语言	心智
自然主义	实在论	经验主义 / 融贯主义	表征主义	认知主义
	自然的		适真性	外在主义或内在主义
非自然主义	实在论	直觉主义	表征主义	认知主义
	非自然的		适真性	内在主义（或外在主义）
错误论 / 虚构主义	反实在论	怀疑论或虚构主义	表征主义	（认知主义）
			适真性	（内在主义）
表达主义	反实在论	怀疑论或者准实在论	反表征主义	非认知主义
			无适真性或紧缩性	内在主义

成本与收益

112

我们不应该期待存在支持或反对这些观点的决定性论证。相反，元伦理学的方法论在很大程度上是**理论的成本—收益分析**。当我们在第 2—5 章探讨每一个理论家族时，我解释了它们的支持者用以作为其优点的各种考虑因素——这些是所谓的理论上的收益——我也解释了它们的反对者用以作为其缺点的各种考虑因素——这些是所谓的理论上的成本。通过绘制回答元伦理学主要问题理论的图表，我希望这让我们能够开始权衡这些理论的成本和收益。然而，最终衡量这些成本和收益是一项困难的任务，你作为学习元伦理学的学生必须自己完成，每个人"计算"成本和收益的观

点会有正常差异。

根据上面的图表，我们有两条路可以走。首先，我们可以尝试寻找一些独立的方法，在图表的每个单元格上分配"置信点"（plausibility points），然后尝试将每个理论的置信点加起来，最后评估哪个理论是最可信的。然而，在实践中它们往往非常接近，几乎难以让元伦理学者在相对置信点上达成一致，例如，到底是需要一个直觉主义道德知识论是一个巨大的成本，还是说尊重形而上学中的自然主义是一个巨大的收益。所以，第二，我们能够找出多条"辩证路径"（dialectical paths），从关于形而上学、知识论、语言哲学或心灵哲学中我们认为可信的某个观点开始。在这样做的过程中，我们将会看到，根据图表中每个部分的各种反对意见和替代意见，提出一个完整的元伦理学方案有多容易或有多困难。这对于在元伦理学中提出新论证是更常用的路线。

例如，如果一个人强烈地承诺伦理语言的表征主义，那么表达主义的提议会带来沉重的成本，而这种成本只能被另一边的巨大收益所抵销。在该实例中，也许对动机性内在主义的强烈承诺加上休谟式的动机心理学，会使处于该位置的学者认真考虑自然主义的相对主义版本，它承诺在表征主义的伦理语言概念中理解这些事情。然而，如果有人发现这些立场蕴含的主观主义是不可接受的，则可能被迫以其他方式去解释动机性内在主义。其中一种方式是主张存在道德直觉官能，通过它我们获知特殊类型的事实，这类知识必然激发意志。但是，如果我们确信这类事实与我们假定的能获知这类事实的官能是"子虚乌有的"（spooky），因为它们难以适配关于我们的心智与实在样貌的科学概念，那么我们可以提出，道德是某种出于方便的虚构。虚构主义是坚持表征主义、休谟式动机概念、动机性内在主义的一条思路。然而，如果我们怀疑伦理思想与话语是虚构的，那么我们可能倾向于重审最初的问题，伦理语言是完全表征性的吗？（见图 6.2）

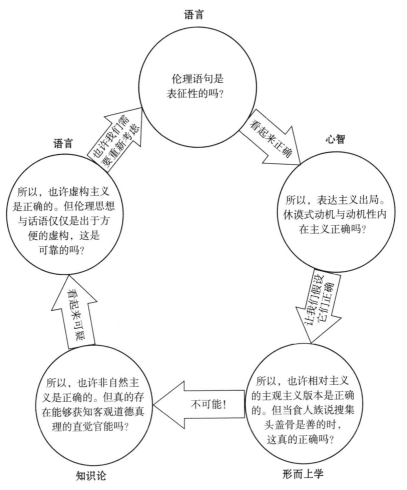

图 6.2　一条贯穿元伦理学各种难题与立场的辩证路径

　　另一条路径是，我们可以从对实在的强怀疑论出发，只存在自然事实。如果是这样，那么非自然主义的提议看起来带来了沉重的成本，只能被另一边的巨大收益所抵销。也许在该实例中，承诺对伦理事实的非怀疑论立场将导致我们排除错误论与虚构主义。这样就剩下表达主义与自然主义了。由于主张伦理语句的意义类型在根本上不同于非伦理语句，前者面临弗雷格—吉奇难题。如果我们怀疑该难题能被克服，这将促使我们尝试捍卫一种自然主义版本。新亚里士多德式自然主义看起来非常兼容，通过反思人类的本性将伦理事实定位于自然。但我们可以怀疑关于人类本性的事实能够以动机性内在主义所提议的方式那样，相信这些事实可以激发行动。这样还剩下多种可能，但其中一种在伦理自然主义者内部较受欢迎，其想法是，伦理事实是人们演化出来严肃对待人类共同体的前社会规范与价值观的产物。然而，有人会怀疑该解释能否捕捉到道德对我们的要求是普遍且永恒的。

114　　　　如果是这样，我们可以重新考虑初始问题，自然事实是否是实在唯一涵盖的事实（见图6.3）。

　　　　这些只是我们如何使用前面的图表追踪各条辩证路径的几个例子，从我们在其中一栏的承诺开始，我们通过对其他难题的看法，直到找到最可信的观点。完整理解元伦理学不仅需要理解该图表中的每个部分，还需要理解我们如何追踪这些路径，并向最坚固的反思平衡的终点进军。

　　　　在我们结束这章之前，有必要关注一个更复杂的成本与收益。一些哲学工作者认为这是一个元伦理学理论的实践成本与收益。例如，有人认为错误论携带了不再着迷（disenchanting）伦理学的成本，导致相信它的人难以良好地行动，带来明显的实践成本。这类考虑构成放弃错误论的理由吗？就我们将元伦理学理论视为考察事物样貌的描述性理论，视为形而上学、知识论、语言哲学与心灵哲

115　　学在伦理学中的应用而言，这些实践考虑看起来是接受或拒绝一个元伦理学理论的错误理由。然而，如果我们认为这些理论本身不是描述性的，而是规范性的，那也许这些实践成本与收益会变得更相关。这是一个棘手的难题。随着你开始理解它为何棘手之前，你会显示出你获得了像专业人士那样做元伦理学的本领。

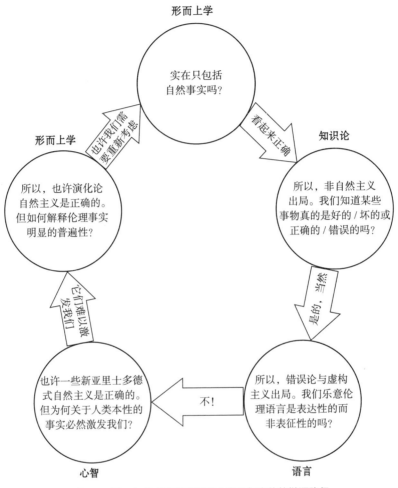

图 6.3　另一条贯穿元伦理学多个难题与方位的辩证路径

结　论

在本章，我们已经从前几章的辛勤工作中受益，理解了元伦理学四种主流理论传统，以及它们如何回答形而上学、知识论、语言哲学和心灵哲学问题。通过鸟瞰这些理论谱系，我们绘制了四种主流理论及它们在元伦理学四种主流论域的问题上的特定立场的图表。这是为了帮助你更好地理解这些理论，帮助你在不同关键问题上区分它们。但这也是你自己对各种理论的成本和收益进行评估的基础，并理解其他人如何能够通过图表表征的立场采取不同辩证路径得出竞争性的评价。

章节总结

- 在形而上学中，元伦理学理论可以分为实在论和反实在论，前者允许进一步区分自然主义和非自然主义。
- 在知识论中，元伦理学理论可以分为怀疑主义和反怀疑主义，后者允许进一步区分直觉主义和经验主义 / 融贯主义。那些对知道真正的伦理事实持怀疑态度的人通常是某种反实在论者，但即使如此，他们也需要解释，一个普通人在谈论伦理知识时都在说些什么。
- 在语言哲学中，元伦理学理论可以分为表征主义和反表征主义，通常直接映射认知主义和非认知主义理论在心灵哲学中的区别。
- 在心灵哲学中，或者更具体地说行动理论和道德心理学，是情况变得更复杂的地方。然而，我们可以根据每个元伦理学理论如何融贯于动机性内在主义和休谟式动机心理学来辨识一般性的理论倾向。
- 元伦理学的主要方法是理论的成本—收益分析，我们在这四个哲学领域各有直觉，将此应用于伦理学，以确定哪种理论能最好地平衡收益与成本。

问题研究

1. 假设一个人在该领域最强的承诺是伦理事实的实在性，那么这个人可能会采取哪些路线建立一个完整的元伦理学理论？
2. 假设一个人在该领域最强的承诺是道德语言和思想的表征主义 / 认知主义，那么这个人可能会采取哪些路线建立一个完整的元伦理学理论？
3. 假设一个人在该领域最强的承诺是自然主义世界观，那么这个人可能会采取哪些路线建立一个完整的元伦理学理论？
4. 假设一个人在该领域最强的承诺是动机性内在主义，那么这个人可能会采取哪些路线建立一个完整的元伦理学理论？

理解难点的答案

QU1：这通常被视为一种成本，因为没有独立的理由认为我们有一种特殊的直觉官能，所以该（假定的）官能的存在和本性是有争议的。然而，没有人否认我们对事物是有直觉的，最近，知识论学者给予了直觉知识论许多关注。因此，如果非自然主义者能够解释道德直觉官能如何与该更广泛、争议更少的直觉概念相适配，那么就有可能把这种成本转化为收益。

QU2：考虑一个基础伦理陈述，比如"侵略战争在道德上是错误的"。其否定形式如下："侵略战争并不是道德上错误的。"错误论者和虚构主义者通常会认为否定句是真的，不是因为他们相信侵略战争在道德上是正确的，而是因为他们认为没有什么东西真正具有伦理属性，比如正确与错误。

QU3：一个理论与动机性内在主义融贯并不是一种成本，因为该理论也可以与动机性外在主义融贯。然而，许多元伦理学工作者被说服，如果有人主张某个行动在道德上是正确的，却完全没有动机去行动，那将非常古怪。这导致他们支持某种形式的动机性内在主义。所以，如果你被它说服了，那么一个理论与动机性内在主义不融贯将是一种成本。

第7章

难以被传统术语归类的理论

这章我们将考察其他元伦理学理论，这些理论以这样或那样的方式排斥我们之前用来区分元伦理学四种主流理论传统的基本差异。我将剩下的理论分成三大类。

第一类，有一些理论更精妙地回答了问题：伦理思想是认知性状态（"类似信念"）还是意动性状态（"类似欲望"）？通过论证这是一个错误的二分法，有几种不同的方案可以回答这个问题。也许伦理思想兼具类似信念的和类似欲望的面相或成分。

第二类，这是一个可以追溯到霍布斯政治哲学的理论传统，关于政治合法性的事实被认为是"建构的"，而不是已经存在有待发现。这是对发现自然中伦理事实的演化论方案的改进，与道德哲学的一个传统有关，该传统认为，伦理属性在某种意义上是人们在特定环境下的情境反应。一些元伦理学者试图扩展和整合这些思想以捍卫这样一种观点，伦理事实确实存在，但它们通常"建构于"人们在特定情境下的反应，而不是已经存在有待发现。

第三类，完全独立于元伦理学，一些哲学工作者对语言用来描述实在的主流观点表达了怀疑。表达主义者认为，伦理陈述并不试图表征实在，但他们倾向于假设这是断言性语言一般规则的一个例外。相反，实用主义者（pragmatists）默认的观点是，语言是用来做各类事情的工具，表征实在仅仅是一个特例。该观点认为举证责任应该在伦理语言的表征主义者而不在反表征主义者那里。

所有这些思想都对我们思考元伦理学理论的图表产生了连锁反应，并且产生了当我们在图表中寻找理论的理论收益与成本的最佳比例时所面临的两难情境。在这里我们将通过拓展可企及选项的图表探究一些可能性。

信念或欲望——为什么不能两者兼具呢？

麦克道尔

约翰·麦克道尔（John McDowell，1998，第2页）在一组内容丰富、难以在此处完全展现的论文中辩护了一种元伦理学观点，这种观点并不符合我们之前的分类，有两个理由。

首先，麦克道尔捍卫了一种他构想为自然主义的实在论；然而，他否认伦理事实可以还原为自然事实或"适配"于可被科学发现的事实。而是接受非自然主义，他认为大量元伦理学学者对在自然概念中引入了有害的**科学主义**负有责任。也就是说，他提出，我们错误地认为决定一个假定的事实是自然事实的最终标准是，它能否还原为经验科学中类似律则解释的一类事实。尽管这类似新亚里士多德式的思想，研究人类的本性是将伦理事实定位于自然的一种方式，麦克道尔走得更远，主张拓展我们的自然概念，"超越律则王国的自然主义所支持的范围"（1994，88）。这是一个自然概念，包括一系列有关理由的事实，这些事实是科学无法发现的（即使人类本性的科学），只能通过共同体中的社会化进程与实践教育来增进我们的智慧。他写道："该图景是伦理学涉及理性要求，无论我们是否知道，我们的眼睛都可通过'实践智慧'的获得而看到它们。"（1994，79）

其次，麦克道尔拒绝休谟式动机心理学，这是我们之前讨论多个元伦理学观点时的背景假设。他否认促成行动动机的心理状态总是可以被整齐地分为两种，一种旨在适配世界，另一种旨在改变世界以适配它们。相反，他认为伦理知识涉及我们思想中缠绕在一起的描述性和指向性维度，使其不可能被整齐地（neatly）划分为"类似信念"和"类似欲望"。他对休谟式动机心理学的否定，为这样一种观点提供了空间：如果没有以特定方式（至少部分地）被激发，我们就无法获得某些知识。他的思想是，伦理知识就是这样——既有认知性维度，也有意动性维度，但不能被分解成单独两部分。

　　为了更好地理解麦克道尔的想法，让我们考虑一个例子。假设一个好人知道并相信传播流言蜚语是一件令人讨厌的事情。麦克道尔认为，像这样的信念是一种完全的认知性状态：它表征了传播流言蜚语的行动是一件令人讨厌的事情。然而，他又说，除非一个人有动机避免传播流言蜚语，否则他就不算拥有该信念。之所以会出现这种情况，并不是因为信念的内容蕴含了欲望，而是因为信念本身（部分地）保证了有动机避免传播流言蜚语。他的想法是，为了以伦理知识特有的成熟的方式践行"去做令人讨厌的事情"这一概念，我们必须有足够的实践智慧来激发自己不去做令人讨厌的事情，来践行该概念。[1]

　　如果这是正确的，麦克道尔就可以支持动机性内在主义的一种形式，而不必遵循表达主义者说的伦理判断表达的是类似欲望的态度而非信念。这意味着，通过放弃休谟式动机心理学，他渴望获得表达主义者主张的相对于竞争理论的优势，以适配伦理判断的动机

[1]　一些麦克道尔的批评者使用**信欲**（besire，信念与欲望的混合体）来指称麦克道尔关于伦理信念必然携带动机性效力的提议。这不是麦克道尔的术语，并不清楚麦克道尔是否认为伦理概念在信念中的所有应用都需要欲望在先。但了解该术语是有价值的，因为该术语有时用来温和地嘲讽元伦理学讨论中的一种观点，该观点提出扩展我们包括信念和欲望的心理学概念的标准，为了容纳一个被认为是两者不可分离的混合体。

性内在主义。但他并没有屈服于表达主义在理解伦理语言的语义和真正伦理知识的可能性方面所遭受的劣势。

理解难点 1　对有人相信传播流言蜚语是一件令人讨厌的事情的例子，一个动机的休谟主义者会怎么说——这内在地联系于动机吗？

你们自己评估这个观点的话，需要考虑是否觉得麦克道尔的温和自然主义太温和了，不符合你之前对自然世界样貌的看法。你还需要考虑拒绝休谟式动机心理学是否是可接受的。

包容的表达主义

另一种获取表达主义优势同时避免其缺点的方法是视伦理判断所表达的心理状态为"包容的"（ecumenical）。也就是说，当被问及伦理判断是否表达认知性或非认知性状态时，一些哲学工作者的回答是："为什么不是两者都有呢？"

我们可以将致力于这种策略的元伦理学者分为两组。第一组是就像其他表达主义者一样的表达主义者，他们认为将伦理语句的意义理解为表达意动性状态（conative states）的常规载体是关键。然而，他们是**包容的表达主义者**，因为他们认为，关于伦理语句意义的解释，也将提及他们表达的认知性状态，该认知性状态以正确的方式联系于意动性状态。[1]

有几种不同的方式来实现该思想。但基本形式是从这样一种思想开始的，所有语句的意义都在某种程度上取决于与常规（conventionally）联系在一起的心智状态。然后，包容的表达主义者主张，以这种方式与伦理语句联系在一起的心智状态是一类由意

---

[1]"包容的表达主义"一词源于里奇（Ridge, 2006）。类似的观点，请参见施罗德（Schroeder, 2009）、托平宁（Toppinen, 2013）和里奇（2014）。

动性成分和认知性成分共同构成的混合体。

例如，一个传统的表达主义者可能会主张，"偷窃是错误的" 120
这句话在一定程度上表达了反对。然而，一个包容的表达主义者会
主张，这句话不在反对一些特定的行动、人、事态等，而在一般意
义上反对事物，在它们拥有一个特定属性的意义上。该属性可以被
视为"反对"的自然基础（例如，引起大量痛苦的属性）。这样一
来，就允许包容的表达主义者主张该语句的意义部分地由表达这样
一种信念决定，偷窃以这些自然属性为基础（例如，引起大量痛苦
的属性）。

更抽象地说，包容的表达主义认为，语句的意义在于，在说话
人有一些称为 F 的自然属性与信念"偷窃是 F"的意义上表达了反
对。简而言之，伦理语句意味着，他们这样做是因为既表达了一个
信念，也表达了一个类似欲望状态。

在**准实在论**的精神里，包容的表达主义者通常会继续坚持主
张伦理语句对伦理"信念"仅仅是表达，这完全没错，只要我们认
识到这些信念的本性是混合的，在伦理语句既包含以特定方式对实
在进行认知性表征（例如，偷窃会导致很多痛苦），也包含以正确
的方式与该信念联系在一起的非认知性态度（例如，反对导致很多
痛苦）的意义上。这种观点被认为是表达主义的一种形式，因为对
伦理语句意义的解释仍诉诸其表达某种非认知性心理状态的传统角
色。这意味着，尽管伦理思想在一定程度上表征了实在，但包容的
表达主义者并不承诺伦理事实是不可还原的实在。只是一个伦理思
想的认知性成分而表征实在，该成分完全是自然属性。

当涉及认知主义与非认知主义之争，包容的表达主义者通常主
张自己"两全其美"。像认知主义者一样，他们可以解释为什么伦
理思想经常以信念特征呈现（例如，其内容能够以各种弗雷格—吉
奇难题相关的方式嵌入）；但像非认知主义者一样，他们可以解释
为什么伦理思想以欲望特征呈现（例如，它有可能无需进一步的欲

望帮助而激发行动）。

重点　包容的表达主义者认为伦理思想（即伦理陈述所表达的心理状态）是混合的，因为它们具有可分离的认知性和意动性成分。

你们自己来评估这个观点的话，需要考虑在我们关于伦理思想的观点中，是否存在将认知性和意动性成分结合在一起的有效的（*principled*）动机。如果没有，包容的表达主义就显得像两种相互竞争思想的特设融合体（ad hoc amalgamation），因为两种思想都不能完全站得住脚。你还需要考虑这个观点是否真的两全其美，在有其他选项的情况下，考虑付出的代价（主要是在语言哲学和心灵哲学上的理论复杂性）是否值得。

混合的认知主义

第二群追求"为什么不能两者兼具？"策略的哲学工作者是伦理自然主义者，他们将整个语言哲学应用于伦理话语，为类似欲望的状态找到了空间。为了看清这里的机制，回想一下，伦理自然主义者是实在论者，但与非自然主义者不同，他们主张伦理事实是自然事实的一种。在第3章，我们讨论了自然主义者为解释哪些自然事实是伦理事实而采取的各种策略。在其中一些策略中，伦理陈述被（也许令人惊讶地）认为与我们自己的动机有关。这可以解释这些主张所表达的信念如何与动机紧密相连。然而，这些观点蕴含了许多元伦理学工作者难以接受的主观主义或相对主义（导致难以解释道德分歧，划分相关共同体的问题）。其他大多数替代方案看起来致力于否认伦理信念与动机内在地联系在一起。在该论辩中，被驱使去追求动机性外在主义似乎是一种理论成本。但是，如果伦理陈述不仅表达了对某些自然事实的信念，而且表达了某种类似欲望的心智状态，那么就不会有这样的成本了。这是**混合的认知主义者**试图捍卫的思想。然而，与包容的表达主义者不同的是，他们主张伦理陈述表达的非认知性状态不是对相关语句字面意义的反映，而是在语用功能或特殊用法维度上的。

回顾言外之意（implicature）现象有助于理解。你可能知道，保罗·格莱斯（Paul Grice，1989）指出，人们所说的话和他们所表达的意思并不总是相同的；的确，我们经常说的是一回事，意指的却是另一回事。格莱斯称这种现象为"言外之意"；意思是我们断言的字面内容和该断言真正的意思通常不同。关于言外之意的种类有丰富的文献，但我们可以重点关注两种。

首先，正在进行的对话中的语境成分经常被说话者默认用来意指某些事情。例如，如果我们在一周的雨天中于街上相遇，你可能会说，"又是美好的一天"。虽然你的断言在字面上意味着今天又是美好的一天，但其实你不是那个意思，并且我知道你不是那个意思。你的言外之意是，"这周的天气糟透了"。该现象被称为**对话性言外之意（conversational implicature）**，因为言外之意通过陈述产生的可变的对话性语境的特征（即说话者和听话者都完全了解的天气条件）而实现，而不是任何我们使用这些语词的字面意思。

其次，一些语词和短语似乎已经被约定俗成地用作言外意指某 122 事的机制了。例如，在一些观点中，语词"并且"与"但是"具有相同的字面语义内容（连词），但后者也意指这两个连词之间存在某种紧张关系。考虑以下说法之间的区别，"他来自肯塔基州东部的山区并且非常聪明"与"他来自肯塔基州东部的山区，但他非常聪明"。与前者不同，后者在某种程度上表明，来自肯塔基州东部山区的人可能非常聪明是令人惊讶的。语词"但是"言外意指了使得语句各部分之间协同的某些紧张。这种现象被称为**惯例性言外之意（conventional implicature）**。

理解难点 2 假设有人说"甚至乔都通过了考试",其言外之意是什么?

运用言外之意思想,我们现在开始看到,一个伦理自然主义者如何捍卫自己的主张,该主张是伦理判断表达关于自然事实的信念,同时表达一个与动机心理学相关的类似欲望的态度。其基本思想是主张,尽管伦理语句在字面上关乎自然事实,但他们用来陈述,言外意指说话人有一些类似欲望的态度。

该思想有不同的版本。当使用对话性言外之意模型时,混合的认知主义者有时主张,表达一个类似欲望的态度,在伦理语句日常使用的语境中是一个可能的(甚至是常见的)特征,而不是由于字面意义附着于语句的某种事物。斯蒂芬·芬利(Stephen Finlay,2005)主张,伦理陈述可以在对话中言外意指说话者欲望达到的某种目的或目标。另一方面,当使用惯例性言外之意模型,混合的认知主义者有时会这样辩护,伦理语词承担着传递说话者欲望某事的惯例化角色。例如,大卫·科布(David Copp,2001)主张,伦理陈述惯例性地言外意指说话者(至少在某种程度上)欲望按照自己的意愿行动。

重点 混合认知主义者是自然主义者,主张伦理陈述表达信念,但诉诸实用主义而非语言表达什么的语义学,他们主张伦理陈述也表达类似欲望的态度。

还有另一条辩护混合认知主义的路径。该路径不依赖实用主义概念来判断伦理陈述的言外之意是什么(无论对话性的还是惯例性的),而是主张使得一个陈述成为伦理陈述,是因为说话者有一个关于欲望、偏好、计划等的姿态(profile),这是进行伦理话语的人的特征。乔·特雷尚(Jon Tresan,2006)主张,为了被视为进

行了真正的伦理话语实践，需要有类似欲望的状态来解释伦理判断和动机之间的紧密联系。因此，在这种观点下，确保存在类似欲望的状态并不是一个特定言语行为的言外之意，而是使得我们的言语成为伦理语言游戏一部分的东西：除非我们有相关的类似欲望的状态，否则不能视为做出了一个伦理陈述。

我刚刚从伦理语言的角度阐述了这一点，但我们可以在思想的层面上提出同样的观点。也就是说，我们可以主张，一个信念之所以成为伦理信念，是因为信念者有一种欲望、偏好、计划等姿态，这是进行伦理思考的人们的特征：更具体地说，需要类似欲望的状态来解释伦理判断和动机之间的紧密联系。

就像包容的表达主义一样，混合的认知主义也试图两全其美。你们自己来评估它们的话，需要考虑该观点是否以一种可靠的方式整合了与伦理话语相关的类似欲望的成分。站在自然主义视角，这些理论也致力于解决哪些自然事实是伦理事实的解释挑战。因此，我们仍然需要评估它们将伦理事实无可争议地还原或以其他方式适配为自然事实的能力。

伦理事实——为什么它们必须"就在那里"？

有人可能会主张——正如我们已经看到的错误论者和虚构主义者所做的——表征主义是正确的，但不存在"就在那里"有待我们发现的实在意义上客观存在的伦理事实。这似乎使我们陷入一种激进的观点，基础伦理信念和表达它们的陈述（比如你认为谋杀是错误的，或者我认为慈善是好的）是字面上假的。为了避免这种激进的承诺，许多认知主义者在某种意义上是"成功的理论家"，因为他们认为至少有一些伦理事实可以客观存在，使得一些伦理信念和陈述为真。然而，正如我们在前面章节看到的，这似乎使实在论者致力于发展一种关于客观伦理事实是什么的形而上学解释，面临我们在前几章讨论过的元伦理学的非自然主义和非自然主义挑战。

所有这些都可能导致我们投入表达主义的怀抱。但对这些挑战的另一种回应是，关于伦理事实的图景必须是错误的，我们的伦理陈述才能是真的。通过假设它们是"客观的"，预先在那里等待被伦理探究发现，我们排除了这样一种可能性，伦理事实存在，但在本体论上以某种方式依赖于我们的情感、推理或观点。在这种观点下，伦理事实是存在的，但就更强健的实在论形式而言，它们并不是完全"就在那里"。有几种方式来发展这条思路，但这里我们只关注两个核心思想：伦理事实在本体论上依赖于一些处于适当位置的观察者的假设性反应（hypothetical responses），以及伦理事实是人类思想的"建构"（constructions）。

反应—依赖

反应—依赖观点认为，一个行动是否具有伦理属性，在本体论上依赖于某些尚未具体化的（yet-to-be-specified）观察者在某些尚未具体化的条件下对该行动的反应。[1] 从该思想的某些方面来看，它只是我们在第 3 章讨论过的相对主义的主观主义形式。主观主义主张，伦理事实等同于关于不同人的主观价值的事实。例如，"俄罗斯侵略乌克兰是错误的"这句话被主观主义者视为表达信念，该

---

[1] 一些哲学工作者（如 McDowell 1985, Wiggins 1987, McNaughton, 1988）主张，构成行动伦理属性的不是某些能动者将会如何反应，而是他们应该如何反应。具体言之，他们说一个行动"值得"或"保证"各种反应。这激发了最近关于什么态度"适配"多种对象的讨论。参见 McHugh and Way 2016, Howard 2018, 2019。虽然这些重要而有趣的观点很难放在元伦理学理论的标准谱系中，但我不会将这些观点归为反应—依赖观点，除非它们解释一个概念，值得或保证一个回应，需要一个不可消除的观察者。否则，伦理属性并不在本体论上依赖于观察者的反应；观察者反应的正确性被独立存在的伦理事实决定。

信念关于说话者自己的主观伦理承诺或价值。

然而，这些追求更精致策略的观点是为了提出这样的思想，一个行动拥有伦理属性在本体论上依赖于观察者如何回应行动。这更难以定位于实在论 / 反实在论二分。它们也比主观主义更能尊重我们关于道德的许多前理论直觉。

将反应—依赖观点重新引入 20 世纪元伦理学讨论，罗德里克·弗斯（Roderick Firth，1952）可能着力最多（借鉴大卫·休谟与亚当·斯密）。他的基本思想是，关于什么正确 / 错误的事实取决于一个理想观察者对相关行动如何做出反应。他认为理想观察者应该是完美的伦理判断者（ethical judge）。他提出的标准是：对非伦理事实全知，对我们可能经验的事物类型全能，不偏不倚地关心任意政党涉及的竞争性利益，不带情感（dispassionate）、融贯（consistent），但在其他方面正常。如果这是一个好的概括，那么一个诸如"俄罗斯侵略乌克兰是错误的吗"这样的判断会引起（elicit）一个全知（omniscient）、全能（omnipercipient）、不偏不倚、不带情感、融贯但在其他方面正常的伦理判断者消极的伦理反应。

这就是弗斯的基本思想。但我们可以通过改变他的公式得到不同的反应—依赖版本。通过两个横向区分有助于我们看清这是怎么回事。首先，我们可以区分反应—依赖观点的普遍性与相对性的两个版本，这取决于我们认为一个观察者的反应决定了每个人的道德，还是支持多元不兼容的反应决定了不同群体道德的可能性。其次，我们可以区分**情感主义**和**理性主义**，作为提出反应—依赖版本的一条路径。情感主义者主张，理想观察者的赞成、反对等意动性反应构成了道德；理性主义者主张，理想观察者关于事物好 / 坏的信念的认知性反应（信念）构成了道德。 125

这产生了四种选择：

反应—依赖观点的普遍性的情感主义版本

反应—依赖观点的普遍性的理性主义版本

反应—依赖观点的非普遍性的情感主义版本

反应—依赖观点的非普遍性的理性主义版本

在之前引用的文章中，弗斯假定他的标准是，一个完美伦理判断者决定了一个独特的回应，这构成其反应—依赖观点的普遍性版本。不清楚文本中弗斯是情感主义者还是理性主义者。如果他认为该完美伦理判断者的相关反应是一类"意动性的"反应，他的观点将被视为情感主义。例如，也许他认为这些反应就像判断事物正确／错误时的积极／消极情绪。如果是这样，那么完美判断者的倾向是，产生成为行动正确／错误的最终基础的特定情感。另一方面，也许他认为完美伦理判断者的相关伦理反应是关于伦理评价对象的信念。如果是这样，完美伦理判断者的倾向是，产生成为行动正确／错误的最终基础的特定认知性反应。

元伦理学通常类比颜色来阐释反应—依赖观点。例如，只有某事物在理想条件下看起来是红色的，认为该事物是红色的才是可靠的。更进一步而言，可以相对直接地将看到某事物是红色的理想条件概括为：必须是白天；观察者没有戴有色眼镜；必须避免使用影响色觉的药物，等等。然后，我们可以说，某事物是红色的，只是因为一个理想的观察者会认为它是红色的。注意，这并没有使物体的颜色依赖于任何观察者的实际存在。在黑暗的房间里，没有人观察的物体在该观点看来仍然是红色的。只是说，它们必须这样，如果它们被一个理想的观察者观察到，那个人会判断它们是红色的。

诸如马克·约翰斯顿（Mark Johnston，1989）、大卫·刘易斯（David Lewis，1989）、迈克尔·史密斯（1994）和杰西·普林茨（Jesse Prinz，2007）等元伦理学工作者试图将该模型应用于伦理价值。我不会深入讨论他们的观点（通常很复杂）的细节，只想说反应—依赖思想可以用来发展该观点的情感主义／理性主义和普遍主义／相对主义版本的所有四种组合。例如，刘易斯发展了该观点的一种情感主义的普遍性版本，而史密斯发展了该观点的一种理性主义的普遍性版本，普林茨则利用反应—依赖推导出相对性的情感主义版本。无论具体怎么结合，就我们当前的目标而言，类比颜色的重点是，似乎存在着关于事物是什么颜色的事实，但在许多哲学工作者看来，这些事实并不像其他事实（如关于各种物质的化学构成的事实）那样作为实在"就在那里"。如果这是正确的，伦理事实类似反应—依赖，那么我们可能会有一种观点，伦理事实完全是实在的，但在更强健的实在论所主张的那种特征上不完全"就在那里"。

126

在转向其他观点前，有必要回顾一下**神命论（divine command theory）**，我们在"导论"中概览过。阐释该理论的一条路径是沿着反应—依赖观点。将上帝视为理想能动者，上帝对一个行动的（也许仅仅是假设性的）反应构成伦理上正确／错误。

重点　反应—依赖观点认为，伦理事实在本体论上／或概念上依赖于某类观察者以特定方式对事物做出反应的倾向。正因如此，伦理事实的"就在那里"比通常需要主体借助科学发现的事实更弱。

建构主义

一种相关但有微妙区别的思想提出伦理事实是实践理性的"建构"。该思想是当代元伦理学家族观点的核心，即**建构主义（constructivism）**。

该术语来自数学哲学中的一个观点，将数学真理视为人类思想的"构建"而不是独立于我们抽象思维能力的东西。但元伦理学建构主义者主要受到政治哲学中社会契约理论传统的启发（尤其是霍布斯、卢梭、康德和罗尔斯）。

根据社会契约理论，关于正义的事实不是我们可以通过某种实证调查或理论推理发现的东西，而是我们在共同生存中面临的特定实践挑战的轮廓中建构出来的东西。例如被广泛讨论的，罗尔斯让他的读者想象一个人们在设计社会基本原则时的**原初状态（original position）**，他规定人们必须在**无知之幕（veil of ignorance）**后面设计，这使得人们不知道社会开始运转后他们在社会中的特定地位。考虑到这种设计，罗尔斯主张原初状态的参与者将选择特定原则来生活。有鉴于此，我们可以将他的形而上学立场这样表述，正义是一种源自该假设性选择情境的"建构"。也就是说，关于正义的事实并不"就在那里"有待发现，而由原初状态下同意的东西构成。

目前为止，这只是建构主义的一种有限形式。罗尔斯只将建构主义思想应用于一种特定类型的伦理事实（关于正义的事实）。正因如此，大多数元伦理学工作者会说，政治建构主义立场只是将相关元伦理学问题往后推了一步：主张将原初状态中参与者选择的原则视为对一些客观事实的"表征"，这些事实真的存在吗？如果存在，它们是自然的还是非自然的？在无知之幕背后我们应该如何理解，如何通达美好生活——这些是对实在的认知性表征还是对事物的非认知性态度，还是某种假装？正因这些问题悬而未决，关于正义的建构主义似乎比较复杂，我们可将它添加到任何主流元伦理学观点中，而不是独立地替代这些观点。

因此，要在元伦理学中辩护建构主义观点，需要主张所有伦理事实都是"建构性的"，而不是独立存在的事实。然而，这马上带来了一个挑战，可表述成一个两难（Hussain & Shah，2006；Enoch，2009）。一方面，如果相关程序是我们可以用完全自然主义的术语来描述的程序，那么该观点看起来会塌缩为自然主义实在论的一种（奇特）形式，而不是它的替代品。另一方面，如果建构主义诉诸的程序，必须使用不可还原的伦理（或至少是规范性）概念来描述，那么该观点看起来塌缩为非自然主义实在论的一种（奇特）形式。

理解难点 3 考虑这样一个观点，某事物是有价值的，意味着至少普通人也会认为其有一点价值。为什么会有人认为这仅仅是自然主义实在论的一种奇特形式呢？

有鉴于这一挑战，最近元伦理学建构主义者，如克里斯汀·科斯嘉（Christine Korsgaard，2003）和莎伦·斯特里特（Sharon Street，2010）倾向于从"实践的立场"而不是从一些假设性程序中产生的东西来阐释她们的建构主义。他们的想法是区分两种立场，一种是脱离的立场（a disengaged point of view），我们能够表征实在中无价值负载的事物；另一种是参与的立场（an engaged point of view），我们使得一些事物更具 / 更不具价值，从而产生行动理由。这应该会让你想起表达主义者，他们鼓励我们不要追问价值（value）的本性（其形而上学地位有争议），而是追问评价（valuing）的本性（这被认为是人类和其他物种对事物的一种完全自然的态度）。然而，与表达主义者不同的是，建构主义者认为这蕴含实践立场。

"追问评价的本性"的重要性迫使我们抽象地思考一般性的实践理性，而不是思考几种可能的实践观点中的一种。正如罗尔斯所描述的那样，关于什么是选择生活的基本原则的更好或更坏的方式，原初状态引入了实质性假设，但一种彻底的元伦理学建构主义形式需要对实践理性及其所包含的立场进行更薄的或仅仅是"形式的"描述。通过这种方式，建构主义者希望论证，除非一个人承诺特定伦理真理——该事实能够被实践立场的抽象形式建构，否则难以认为进行某些事物导致更多 / 更少的价值。

因此，根据元伦理学建构主义者的观点，如果没有人认为某事

128

物是有价值的，那么就没有什么事物是有价值的。因此有理由去行动，必须由持有实践立场的能动者试图决策如何采取行动。所以，尽管建构主义者将伦理判断视为信念，而且这些信念之所以为真，是因为相应的事实实存（obtaining）。但这些信念并没有被视为独立于持有实践立场（至少可能）的能动者的实在而存在。在这方面，这些信念与我们对自然世界标准的信念构想有很大不同。

这是否意味着，根据建构主义，伦理事实不是客观性的？从某种意义上说是的。建构主义者主张，伦理事实是存在的，但这些事实是一种实践立场的建构，而不是独立于人类思想"就在那里"意义上的客观事实。然而，在另一种意义上，建构主义对客观性留下了开放性问题。

科斯嘉捍卫了一种康德式的建构主义，根据这种建构主义，伦理真理蕴含于这类实践立场中（仅仅从形式上概括）。具体言之，她认为绝对命令（粗略地说，出于理由的行动，你能够融贯地期待其他人也会出于这些理由行动）是一个实质性的伦理结论，兼具普遍性与源于实践立场的建构。据此，她认为，每个能动者都有这些理由，无论他们产生了什么特别的欲望或目的。他们有理由追随绝对命令。

斯特里特捍卫了一种休谟式的建构主义，没有实质性的普遍伦理真理被实践立场蕴含。相反，她认为对一个能动者来说，实践理由仅出现在我们将特定的、偶然的担忧与关切加入实践立场。对于我们大多数人，我们希望其他人快乐，这意味着我们有理由做帮助他人获得快乐的事情。但她认为，一个希望他人不快乐的理性能动者是有可能存在的，对他来说有理由去做导致他人不快乐的事情。根据她的观点，实践立场无法推出实质性、普遍性的东西，然而一旦一个特定的能动者的担忧与关切和实践立场结合，做事情的理由就被建构了。

重点　元伦理学建构主义者认为存在伦理事实，但它们是"建构性的"，就此而言，它们的实在性依赖实践理性立场。

实用主义

129

现在我们转向难以适配元伦理学传统范畴的另一类理论。回顾一下，表达主义者接受陈述性语句通常关乎实在样貌，他们独特的主张是伦理语句是不同的。伦理语句不是表征实在的信念，而是对情绪、偏好、规范—接受或计划的表达。这就是为什么表达主义者在伦理话语上是反表征主义者的。这种立场在形而上学和心灵哲学上有收益，但在知识论和语言哲学上有成本。

语言哲学和心灵哲学中的传统在某种程度上独立于元伦理学，可以应用于伦理话语和思想。有这样一种方案，该方案看起来有着与表达主义相同的一些优势，但能够避免其中一些成本。这就是**实用主义（pragmatism）**。

有许多不同的理论派别被贴上了"实用主义"的标签（我不想在这里进行调查）。这里与我们相关的实用主义思想是，存在着丰富多样的语词和概念，理解一个特定语词或概念的最佳方式不是追问它代表什么（what it stands for），而是追问它在我们参与的各种概念渗透的实践中为我们做了什么（what it does for us）。

例如，考虑逻辑语词"不"，如"伊恩不在家"。在实用主义者看来，要理解这个词的意义（及其表达的概念），我们应该聚焦它为我们做了什么，而不是它代表什么。在这种情况下，一个可靠的初步解释是，"不"这个词为我们提供了一种拒绝或否认某事的方式。我们最终可能会说"不"表示否定。但根据实用主义，这句话（比如关于伊恩的那句话）在某种程度上表征了否定，并不是因为存在一些实在（"不"的实体？否定性？），而是因为这个词在拒绝和否认的实践中具有独特的作用。

这里有另一个例子：考虑**认知模态（epistemic modal）**"可能"，如"伊恩可能在家"。该词指称了诸如伊恩在家的"可能性"，这句话表征实在，我们可以研究其本质吗？实用主义者认为这是一个错误的问题。相反，实用主义者鼓励我们追问"可能"在我们实践中的功能。一个可靠的初步解释是，该词提供了一种使一个彻底（outright）断言与我们的证据相关联的手段。例如，当一个人不能排除这种可能性，但也不能彻底断言这种可能性时，他会说他可能在家，而不是说伊恩在家。通过将我们关注的焦点从术语的指称或语句的表征转向它们在我们不同实践中发挥的功能，实用主义者希望描绘一幅更加多样化的语言使用图景（与概念渗透的思想），通常在表征主义起点之下。

这听起来应该很熟悉。当我们在第 5 章讨论表达主义时，我说过表达主义者通常鼓励我们开始进行元伦理学研究时，不要追问（i）某种被假定的实在事物的本质：伦理价值，而是要追问（ii）我们实践的本质：做出伦理评价。然后，他们回答问题（ii），通常主张在伦理评价和表征实在之间存在一些有趣的差异。

我们现在可以把表达主义的策略视为更一般的实用主义方法的一个实例。但实用主义者通常会继续论证，同样的方法应该应用于伦理学之外——例如，从"不"这样的逻辑术语到"可能"这样的认知模态。这并不是因为包含这些术语的陈述表达了类似欲望而非信念的态度，而是因为它们在我们实践中的功能不是表征实在（克里斯曼，2014，2018）。事实上，实用主义者不必拘泥于表达主义对伦理语言问题的经典回答。如果存在多种多样的语词和概念，在我们的实践中每种都有不同功能，那么只要我们能找到一些功能将之可靠地归附于伦理语词，而不是表征伦理属性，并且这种功能可以在不认为伦理语词也具有表征性的情况下存在，我们就能确保一个伦理语言的反表征主义解释。

这意味着，元伦理学中的实用主义者凭借其语言哲学中的反表征主义，获得了表达主义所具有的一切优势。此外，实用主义者有更大的灵活性来精致地解释伦理思想的非表征功能（由于不需要表达类似欲望的状态在解释方案中，只要做某事而非表征实在在解释方案中）。这意味着，元伦理学中的实用主义者可能会通过心灵哲学来获得表达主义所具有的优势。

表达主义在知识论和语言哲学中的潜在成本是什么？这里很大程度上取决于由实用主义者发展起来的关于伦理话语的具体解释（specific story），但我们可以说一些一般性的。如果伦理话语在非表征性方面不够特殊，因为有其他类型的话语是非表征性的，那么根植于实用主义所主张的伦理语句不表征实在对伦理知识和伦理语句的语义学就不存在问题。毕竟，人们可能知道伊恩不在家或者伊恩可能在家。所以，如果这些语句不能被视为表征实在，我们就需要一些更普遍的实用主义者友好的知识解释。

类似地，包含"可能"和"不"的语句显然能够嵌入语义复杂的语境中，例如"如果—那么"条件句。所以，如果这些语句不被理解为对实在的表征，我们就需要一些更一般的实用主义友好的解释，来解释包含这些语句的语义复合的语句。（注意，这是元伦理学实用主义者对表达主义在知识论和语言哲学中所面临问题的一种"同罪"回应。）

理解难点 4　元伦理学实用主义者可以如何回应反对意见，该反对意见是伦理语句显然具有适真性，因而必须被视为表征实在吗？

131

一些哲学工作者提出，实用主义的策略（将我们的注意力从词语的指称问题转移到它们在我们不同实践的功能上）——只要它成功的话——将削弱某些语言表征实在的思想。一些实用主义者已经接受了这一结果，将他们在语言哲学中的观点视为一种全局性的表

达主义（global expressivism）：表达主义认为只有伦理语言是表达而不是表征，实用主义者认为所有语言都是表达而不是表征（普莱斯［Price］，2011）。你们在评价元伦理学的实用主义时需要考虑的一件事是，这是否确实是该观点的结果，以及如果是，是一个好的还是坏的结果。

结　论

在这一章，我们看到了元伦理学理论的传统分类是如何遭遇挑战的。当从中区分出表达主义理论时，我们追问伦理概念在我们的思想与话语中是否扮演了动机性或表征性角色。麦克道尔主义者、包容的表达主义者和混合的认知主义者以不同的方式论证，该问题非此即彼的预设是错误的。实用主义者主张，在我们的思想与话语中，伦理概念有许多角色。所以，即使伦理概念扮演了动机性角色，也不意味着伦理陈述是非表征性的。在这之前，当从反实在论理论中区分出实在论，我们追问，伦理事实是否作为客观实在的一部分存在。反应—依赖立场和建构主义立场以不同的方式主张，该问题没有直接的答案。他们的观点是，伦理事实并不是"就在那里"有待发现，但他们赞同实在论的观点，确实有伦理事实。只是他们认为这些事实在本体论上依赖于一个理想能动者的假设性反应，或依赖实践立场的"构建"。

有鉴于对传统分类的这些挑战，我们可以用图 7.1 来捕捉更复杂的理论谱系。

元伦理学是一个令人振奋的哲学分支，部分原因是可以将理论的成本—收益分析方法引入这些新立场，以评价它们是否比传统立场更有吸引力。在细节上探究这些打破传统分类的立场已经超出了本书范围。然而，当前元伦理学中的争论经常涉及这些（和一些更）精妙的立场。

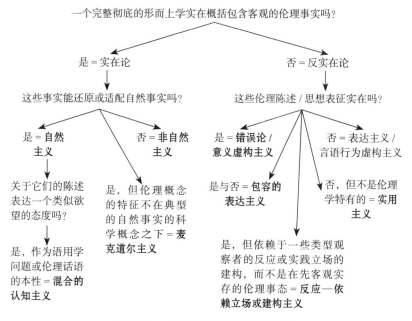

图 7.1　一些难以归类的元伦理学理论

章节总结

- 麦克道尔主张，伦理判断既能表征实在，又能激发行动，因为拥有特定伦理概念的条件要求具有在行动中正确运用这些概念的实践智慧。
- 包容的表达主义者主张，伦理陈述表达了一种混合状态，包括对实在的信念和对行动紧密的类似欲望的压力。
- 混合的认知主义是元伦理学自然主义的一种形式，试图吸收对表达主义的一个主要论证，通过其他方式将伦理陈述视为表达了类似欲望的态度（加上对实在的信念）。

133

- 反应—依赖观点主张，伦理事实在本体论上依赖于理想观察者的假设性反应（无论是感性的还是理性的），因此在该意义上，不像其他类型经验上可发现的事实那样完全"就在那里"。
- 建构主义基于这样的思想，伦理事实并不是"就在那里"等待发现的意义上的客观实存，而是实践立场的建构。
- 元伦理学的实用主义者主张，实用主义作为一种一般性的语言哲学和心灵哲学，为反表征主义的伦理语言解释提供了与传统表达主义不一样的资源。

问题研究

1. 麦克道尔受亚里士多德启发的"自然主义"与赫斯豪斯受亚里士多德启发的"自然主义"有何不同？
2. 包容的表达主义者通常被视为借鉴了表达主义传统的反实在论者，而混合的认知主义者通常被视为借鉴了自然主义传统的实在论者。他们的本体论承诺有什么不同，谁的更好？
3. 元伦理学中的建构主义者和准实在论表达主义者有什么区别？
4. 元伦理学中的实用主义者和准实在论表达主义者有什么区别？

资源拓展

- Chrisman, Matthew. 2022. "Ethical Expressivism," in *The Bloomsbury Handbook of Ethics*, edited by Christian Miller. Bloomsbury.［更详细地介绍了包容的表达主义］
- Chrisman, Matthew. 2014. "Attitudinal Expressivism and

Logical Pragmatism." In *Pragmatism, Law, and Language*, edited by Hubbs, G. and Lind, D. (eds.), Routledge: 117—135. [介绍元伦理学实用主义]

- Finlay, Stephen. 2007. "Four Faces of Moral Realism," *Philosophy Compass* 2 (6): 820—849. [更详细地讨论了建构主义]

- Fletcher, Guy and Ridge, Michael (eds.). 2014. *Having It Both Ways: Hybrid Theories and Modern Metaethics*. Oxford University Press. [一本关于"为何不兼具"思路的论文集]

- Ridge, Michael. 2006. "Ecumenical Expressivism: Finessing Frege," *Ethics* 116 (2): 302—336. [介绍包容的表达主义的重要文献]

- Schroeder, Mark. 2009. "Hybrid Expressivism: Virtues and Vices," *Ethics* 119 (2): 257—309. [比较"为何不兼具"多条路径的有影响力文献]

- Street, Sharon. 2010. "What is Constructivism in Ethics and Metaethics?" *Philosophy Compass* 5: 363—384. [介绍建构主义的文章]

理解难点的答案

QU1：休谟主义者坚持认为，我们可以区分对特定事实的信念与根据我们的信念推动我们的欲望—嵌入的目标。因此，即使人们碰巧被激发不去做他们认为是肮脏的事情，这是因为（a）他们也有避免做肮脏事情的欲望，或者（b）某些事情是肮脏的想法更像是一种不去做的偏好，而不是对其所具有的特定属性的表征。如果这是正确的，无论一个人对实在的认知性表征和目标嵌入式的动机状态如何紧密关联，我们总是可以设想一些人拥有其中一种而没有另一种。相反，麦克道尔主张，一些认知性表征也必然带有目标嵌入式的动机。

QU2：该陈述的言外之意是乔是最不可能通过测试的人之一，所以测试可能非常容易。这是一个惯例性的言外之意，因为它是"甚至"在该语句中惯例化的语言角色的一部分。（请注意，我们不需要任何特定对话语境设置来传达该陈述携带的言外之意。）

QU3：评价某事物是一种完全自然的态度（类似于偏好或从中获得愉悦的态度）是可信的。如果这是对的，那么根据上面概述的观点，某事物是否有价值最终将取决于普通人偏好它或从中获得愉悦。由于这是一个自然事实，因此，关于什么有价值的事实就是自然事实。

QU4：实用主义者会否认真理在一般意义上是对实在的正确表征。事实上，我们在第 5 章遇到的真之紧缩论可视为一般性实用主义方法的另一个例子：不要问"真"指称什么，而是问这个词在我们不同的实践中为我们做什么。

135　参考文献

Chrisman, Matthew. 2014. "Attitudinal Expressivism and Logical Pragmatism." In *Pragmatism, Law, and Language*, edited by Hubbs, G. and Lind, D. (eds.), Routledge: 117—135.

Chrisman, Matthew. 2018. "Two Nondescriptivist Views of Normative and Evaluative Statements." *Canadian Journal of Philosophy* 48(3—4): 405—424.

Copp, David. 2001. "Realist-Expressivism: A Neglected Option for Moral Realism." Social Philosophy and Policy 18: 1—43.

Enoch, David. 2009. "Can There be a Global, Interesting, Coherent Constructivism About Practical Reason?" *Philosophical Explorations* 12(3): 319—339.

Finlay, Stephen. 2005. "value and implicature." Philosophers' imprint 5(4): 1—20.

Firth, Roderick. 1952. "Ethical Absolutism and the Ideal Observer." *Philosophy and Phenomenological Reseach* 12: 317—345.

Grice, H. P. 1989. "Logic and Conversation." In *Studies in the Way of Words*, edited by H. P. Grice. Cambridge, MA: Harvard University Press, pp. 41—57.

Howard, Christopher. 2018. "Fittingness." *Philosophy Compass* 13(11): e12542.

Howard, Christopher. 2019. "The Fundamentality of Fit." In *Oxford Studies in Metaethics*, Volume 14, edited by Russ Shafer-Landau. Oxford: Oxford University Press.

Hume, David. 2000. *A Treatise of Human Nature*, edited by D. and M. Norton. Oxford Philosophical Texts. Oxford and New York: Oxford University Press.

Hussain, Nadeem, and Nishiten Shah. 2006. "Misunderstanding Metaethics: Korsgaard's Rejection of Realism." In *Oxford Studies in Metaethics*, vol. 1, edited by R. Shafer-Landau. Oxford and New York: Clarendon Press, pp. 265—294.

Johnston, Mark. 1989. "Dispositional Theories of Value." *Proceedings of the Aristotelian Society* 62 (Supplementary Volume): 139—174.

Korsgaard, Christine. 2003. "Realism and Constructivism in Moral Philosophy." *Journal of Philosophical Research*, APA Centennial Supplement 99—122.

Lewis, David. 1989. "Dispositional theories of Value." *Proceedings of the Aristotelian Society (Supplementary Volume)* 63: 89—174.

McDowell, John. 1985. "Values and Secondary Qualities." In *Morality and Objectivity*, edited by T. Honderich. London: Routledge and Kegan Paul, pp. 110—129.

McDowell, John. 1994. *Mind and World*. Cambridge, MA: Harvard University Press.

McDowell, John. 1998. *Mind, Value, and Reality*. Cambridge, MA: Harvard University Press.

McHugh, Conor, and Jonathan Way. 2016. "Fittingness First." *Ethics* 126(3): 575—606.

McNaughton, David. 1988. *Moral Vision*. Oxford: Basil Blackwell.

Price, Huw. 2011. "Expressivism for Two Voices." In *Pragmatism, Science and Naturalism*, edited by J. Knowles and Rydenfelt. Frankfurt am Main: Peter Lang, pp. 87—113.

Prinz Jesses J. 2007. *The Emotional Construction of Morals*. New York: Oxford University Press.

Ridge, Michael 2006. "Ecumenical Expressivism: Finessing Frege." *Ethics* 116(2): 302—336.

Ridge, Michael 2014. *Impassioned Belief*. Oxford: Oxford University Press.

Schroeder, Mark. 2009. "Hybrid Expressivism: Virtues and Vices." *Ethics* 119: 257—309.

Smith, Michael. 1994. *The Moral problem*. Oxford: Blackwell.

Street, Sharon. 2010. "What is Constructivism in Ethics and Metaethics?" *Philosophy Compass* 5(5): 363—384.

Toppinen, Teemu. 2013. "Believing in Expressivism." In *Oxford Studies in Metaethics*, vol.8,

136

edited by R. Shafer-Landau. New York: Oxford University Press, pp. 252—282.

Tresan, Jon. 2006. "De Dicto Internalist Cognitivism." *Noûs* 40(1): 143—165.

Wiggins, David. 1987. "A Sensible Subjectivism?" In *Needs, Values and Truth*. Oxford: Oxford University Press, pp. 185—214.

第8章

重审元伦理学？

在本书开头，我们学习了如何从元伦理学中区分规范与应用伦理学。规范伦理学以什么是正确／错误或好／坏的一般原则形式寻求回答一阶伦理问题。应用伦理学寻求在不同特定情境下什么人应该做什么的具体规范。相较而言，元伦理学寻求回答二阶问题，关于伦理判断与伦理事实（如果存在）的本性——或如我们有时所说的，关于道德地位（*status* of morality）。这些非常一般性的问题激活了我们用来区分各种元伦理学理论的更具体的难题——这些一般性的问题在关于伦理学的形而上学、知识论、语言哲学与心灵哲学中。

这是伦理学哲学研究中充满活力并蓬勃发展的分支。然而，正如哲学工作者目前所做的那样，研究的焦点和广度正在以有趣的方式发生变化。所以，在最后一章，我希望探究一些元伦理学理论难题，我们前面探究过它们，此番重审有微妙不同。这里将阐明，当关于伦理学最初的二阶问题得到延展和调整（adapted）时，特定元伦理学论题如何变得更加清晰。这也将揭示，其中一些问题比元伦理学工作者最初设想的更难回答。所以，在这一章的延展将激励我们思考超越"主义"，并提出一条做哲学的新路。

我们将概要地讨论三条路径来拓宽和延展以前的理论焦点。首先，我们将讨论**厚的伦理概念（thick ethical concepts）**。这些概念诸如"猥琐"（lewd）与"勇敢"（brave）似乎是伦理意义上的，但颇具描述性。对于一些传统元伦理学理论，想要理解其鲜明的规范性和描述性双重功能是很棘手的。其次，我们将讨论**信念伦理学**（ **ethics of belief** ），属于知识论。正如伦理学工作者追问人们应当做什么，知识论工作者追问人们应当相信什么。这两种情况都有一套核心规范——伦理的与知识论的——给出的答案似乎并不直接从人们想要做的或相信的事情中得出。有鉴于此，我们可以对知识论规范提出许多我们之前对伦理规范提过的问题，从而探究**元知识论**（ **metaepistemology** ）。最后，我们将回到最初的问题，伦理规范的来源，但我们将看到，当我们将焦点从伦理学转移到一般规范性上，这些问题会发生什么。一些哲学工作者认为，这就是"深思熟虑"（ all things considered ）的应当，伦理考虑仅仅是决定一个人深思熟虑之下应当做什么的一部分因素。因此，我们考察传统元伦理学理论向**元规范性理论**调整时的表现（ adapted into **metanormative theories** ）。

厚的伦理概念

我们看到摩尔如何使用开放问题论证来挑战试图以还原方式定义"善"的理论。我们学习了艾耶尔诸如陈述"偷窃是错的"表达一个意动性（ conative ）态度而非信念的论证。因为这些哲学工作者深受 20 世纪元伦理学理论聚焦"好 / 坏""正确 / 错误"概念的影响。但这难道不会是一个错误吗？

伯纳德·威廉斯（ Bernard Williams，1985 ）主张日常（ ordinary ）道德思想与话语更关乎残忍（ cruelty ）、勇气（ courage ）、优美（ grace ）、亵渎（ blasphemy ）、慷慨（ generosity ）、失信（ dishonesty ）、仁爱（ kindness ）、粗俗（ rudeness ）。这些概念是"厚"伦理概念。威廉斯的思想是，我们普遍地使用这些概念的事实，对那些否认伦理陈述表征实在的观点构成了挑战。因为这些概念似乎多少有点描述性。至少，我们通常可以从涉及厚概念的伦理判断中推断出某些非伦理的事实，这就使得将此类伦理陈述视为纯粹意动性态度表达的观点难以成立。更进一步而言，尽管威廉斯没有特别强调这一点，但厚概念同样向错误论者和虚构主义者提出了问题，他们认为伦理属性并不构成实在的一部分。这是因为，这类概念的使用如此普遍，并且与我们思考和谈论的许多内容紧密交织，如果认为所有这一切都与一个本体论错误相关，那就显得尤为缺乏同情性理解。

确实，威廉斯的观察甚至可能对如摩尔所主张的那种强健的非自然主义构成威胁。像勇气、亵渎和贞洁（chastity）这样的特质，似乎比善（goodness）或权利（rightness）更适宜成为能够还原为自然属性或与之并存的伦理属性的候选。因此，如果一个人确信元伦理学应当关注的是厚概念而非薄（thin）概念，那么这个人可能会比之前更怀疑非自然伦理属性。

理解难点 1　如果"勇敢"和"善良"被认为是"厚"伦理术语，那么什么是"薄"伦理术语？什么使之"薄"？

对此思路的一个显而易见的回应是尝试分析性地分离（separate）厚概念中的伦理成分和非伦理成分。也许"勇敢"这个词仅仅意味着（i）拥有面对危险的倾向，（ii）这种倾向是好的。第一部分捕捉到了非伦理的成分，可视为直接表征了自然属性，而第二部分捕捉到了伦理的成分，可以通过传统的方式进行分析。该思想被称为关于**厚伦理概念的还原主义（reductionism）**。[1] 如果这种方法能够适用于所有的厚伦理概念，那么我们将保住传统元伦理学大部分辩论框架。

然而，威廉斯和其他学者认为，还原主义难以奏效。这是因为他们主张厚概念中的非伦理和伦理成分过于纠缠以至于难以分离。

---

[1] 有时也被称为厚伦理术语的"可分离性"（separability）。参见 Väyrynen（2021，第 3.1 节）。

或者说，他们主张由厚伦理术语表征的属性没有一个无争议的非伦理"形态"（shape）。他们的基本观点是，一个人对何为勇敢、猥琐、贞洁、善良等的理解，与我们在特定道德共同体中与他人共同生存的实践取向有紧密关联，以至于无法还原为所谓的普遍性的非伦理描述加上诸如"好"或"错"等薄伦理概念的一般应用。

如果上述观点正确，那么或许我们应该认识到存在一些难以进一步还原的评价性（evaluative）术语，它们同时也描述了实在独特的伦理特征。既然这些术语不能还原为少数几个薄伦理属性，试图将伦理属性归入自然属性注定会失败。但试图确认接受少数"非自然"属性的做法也注定是不充分的。

起初，你可能倾向于认为这是一个应该试图在传统元伦理学理论框架内解决的问题。但是，威廉斯主张厚伦理概念的存在及其在伦理学中的重要性，揭示了传统元伦理学理论化的根本缺陷。相较以所谓的普遍性的薄伦理概念为核心构建理论，然后试图将这些理论扩展到厚伦理概念上；威廉斯建议我们应当拥抱不同文化中特有的厚伦理概念的多样性，然后接受这些概念才是人们在思考或讨论伦理问题时最核心的概念。

正因为如此，威廉斯提出元伦理学的重新出发应该聚焦理解我们所拥有的伦理概念及其所指，而不预设它们具有普遍性。如果我们遵循威廉斯的这一观点，那么在一般意义上追问伦理事实的本质，或在一般意义上追问伦理判断的动机性力量，似乎显得有些不得要领，因为没有理由假设（就像我们在本书目前为止所讨论的）对它们能够进行一般意义上的阐发。

重点　如果厚伦理概念不能还原为薄伦理概念加上非评价性内容，并且它们是我们伦理思想和话语的核心，那么这可能迫使我们重新思考研究元伦理学的方法。

在最近关于厚伦理概念的辩论中，已经出现了一些反驳威廉斯　140
颠覆性结论的尝试，但该问题仍然悬而未决。这里我简要介绍三个
思想，帮助你思考这场辩论。

首先，一些哲学工作者（尤其参见 Hurley，1989）赞同威廉
斯，厚概念不可还原，但他们主张，无论是厚的还是薄的术语都不
应被视为我们伦理思想和话语的基础。因此，这些哲学工作者认
为，主张传统元伦理学聚焦错误是误解。也许我们从关于薄伦理概
念的传统理论研究中学到的东西，可以重新利用来理解厚伦理概
念，即使后者不能还原为前者。也许这些尝试能引导我们修正对某
些传统理论的看法，这些都是元伦理学追求反思平衡的一部分。

其次，其他哲学工作者（尤其参见 Elstein 和 Hurka，2009）
主张，只要我们不坚持将厚伦理概念完全分离为伦理的和非伦理的
成分，就有可能用薄伦理概念分析厚伦理概念。他们的思想是，薄
伦理概念可能难以从对厚伦理概念的分析中剥离出来，但仍然可以
视为厚概念中唯一的伦理成分。例如，"勇敢"可能意味着为了某
种善而去面对危险的倾向。在该分析中，并没有两个可以分离的
成分，但在解释厚术语的意义时使用的唯一伦理概念仍然是薄的
"善"。所以这仍然表征了将厚概念还原为薄概念。

第三，还有一些哲学工作者（尤其参见 Väyrynen，2013）主
张，我们使用厚伦理术语时的评价性特征，并不源于这些术语的语
义内容或它们关乎的对象，而源于使用这些术语的对话背景具有的
实用性特征。（这回溯到了第 7 章讨论的混合的认知主义，是一种
将伦理陈述的表达性成分定位于实用而非语义的观点。）主张将厚
术语的评价性特征归属于实用性的论证是，厚伦理术语的评价性成
分通常是"可取消的"（cancellable）。例如，尽管说某事物亵渎神
明通常蕴含说话者认为它是坏的，如果说话者随后说"但实际上我
讨厌宗教虔诚"，那么原先的意思就被取消了。这表明，相关概念
并不以语义的方式具有评价性的，而通常以实用的方式使用评价。

在思考厚伦理概念的论题时，你需要考虑，最终用还原策略还是实用策略。如果都不，那么你可能会赞同威廉斯的观点，我们需要彻底重新思考元伦理学问题的传统研究方法。我们在之前章节考虑过的一些答案可能仍然适用，但术语的理论成本收益分析可能与我们最初设想的截然不同。

141 元知识论

迄今为止，我们关注了伦理学的二阶问题：说一些行动是正确的／错误的意味着什么？当我们思考某个人或某个结果是好的／坏的时候，我们在想些什么？但我们显然也可以向信念和知识提出非常类似的问题：说某个信念是被辩护的／未被辩护的意味着什么？当我们认为知识的价值或为什么真信念是好的时我们在思考什么？这种平行性使许多哲学工作者相信，知识论是一门像伦理学一样的规范性学科[1]，从而提出应该对*知识论规范性*的地位进行二阶探究，类似于我们本书迄今为止对伦理学所做的。

不仅如此，即使在知识论的理论讨论之外，讨论一个信念是否有理由、是否被辩护或是否是合理性的也很常见。这明显类似于我们讨论行动是否有理由、是否被辩护或是否有合理性。正因如此，我们也可以提出普通知识性思想和话语地位的问题，这些问题与我们在本书前面探讨的关于普通伦理思想和话语地位的问题类似。这就是**元知识论**。

---

[1] 正如本章开头介绍的，一些哲学工作者用"信念伦理学"（ethics of belief）这个标签来指称关于人们应当相信什么的一阶问题的知识论维度。然而，可辨识的伦理考虑是否影响人们应当相信什么，是一个有激烈争论的话题。因此，我认为将这些称为规范性知识论问题可能更合适。

理解难点 2　你能想到任何其他与元伦理学和元知识论平行的领域吗？是什么让它们彼此平行？

这只是个开始。如同之前一样，我们可以通过将关于某些规范性领域的地位问题更精细地划分为形而上学、知识论、语言哲学和心灵哲学的问题。在该实例中，我们可以追问知识的形而上学与辩护问题：这些客观属性是"就在那里"的实在吗；如果是，它们的本性是什么？我们可以追问知识论的知识论问题：当我们知道某人知道某件事时，我们是如何知道这一点的？我们可以追问知识性陈述的意义：它们在表征实在还是表达态度，还是别的什么？最后，我们可以追问当一个人做出知识性判断时，他的心智发生了什么：判断我应当相信 p 是否自动激发我做任何特定的事情？

元知识论的实在论

在很大程度上，哲学工作者们直到最近才开始着手解决知识性思想和话语的这些元层次问题。因此，很难勾勒一套这四个领域中紧密关联的承诺组成的经典元知识论理论。然而，我认为公允地说，分析知识的传统方案基于一个假设，例如，视为被辩护的真信念，知识和辩护是某种客观实在中的真实关系"就在那里"。该方案预设了元知识论的实在论，这与以下假设密切相关：知识性陈述是表征性的，而知识性判断是类似信念的而非类似欲望的。

一旦我们处于实在论，马上要问自己的下一个问题是形而上学意义上的：相关的实在部分能适配自然主义本体论吗？在知识论实例中，这转化为追问诸如"知道"和"被辩护"这样的关系是否是自然的关系。许多关于辩护和知识的**可靠主义（reliabilism）**版本与自然主义世界观契合。这些理论背后的基本思想是，辩护一个信念的关键是，该信念形成于倾向通达真的过程或方法。只要这种统计意义上的"倾向通达真"的概念被视为是自然主义的，这些理论就将辩护解读为一种自然主义的关系。

理解难点 3 如果一个人在知识辩护上持自然主义立场，那么他在语言哲学和心灵哲学中，对知识性陈述及其所表达的判断会有怎样的看法呢？

其他知识论工作者坚持认为，辩护是一个不可分割的规范性概念（也许与其他典型规范性概念紧密相关，诸如出于理由相信或按照一个人应当如何行动的方式相信等）。持有这种观点的人承认辩护与可靠性有关，但坚持认为辩护不是特定程度的可靠性。这反过来导致一些元知识论工作者接受关于辩护的非自然主义。就像元伦理学非自然主义一样，该观点主张知识性判断旨在表征实在，其中一些表征确实成功了，但所表征的事实并不适配自然主义世界观（参见 Cuneo，2007）。

推动元知识论非自然主义的另一种方式是，以摩尔开放问题论证为视角，审视回应**盖梯尔难题（Gettier Problem）**的文献。正如你可能知道的，埃德蒙·盖梯尔（Edmund Gettier，1963）通过一些清晰的反例挑战了将知识分析为被辩护的真信念的传统观点，在这些反例中，某人拥有被辩护的真信念，但我们通常不会称为知识。对于每次旨在避免这些反例的细微或复杂的调整，机智的知识论工作者都能构造出新的反例，一个人满足所有所谓的"知识标准"，但却没有知识。

在第 3 章，我们将摩尔的论证解读为最佳解释推理：（粗略地说）所有分析 X 的努力都无法封闭本应封闭的问题；对此的最佳解释是，X 是单纯的（simple）、难以分析的。摩尔将该思想应用于概念善，只考察了少数几个分析来确证他的结论，该结论是"善"根本不能由于自然主义提出的任何 N 而等同于"N"。同样地，可

以将盖梯尔之后的文献看作考察分析知识的提议并表明其失败。这
可以看作支持了关于"知道"的一个平行结论——那是一个单纯并　143
且难以分析的关系。

元知识论的反实在论

　　然而，在思考这个问题时，你需要回顾，摩尔的开放问题论
证为元伦理学表达主义提供了与非自然主义同样多的灵感。我们在
第 5 章讨论过的思想是，当我们分析了自然主义的所有提议后，开
放问题依然存在，理由是所有自然主义分析都忽略了伦理陈述中的
规约（prescriptive）或支持（endorsing）成分。一个类似的思想能
够启发知识论。我们可以赞同，在信念持有者与命题之间存在各种
自然主义的关系，这些关系关乎他们的信念能否算作被辩护的或知
识。但我们仍然可以否认这些关系完全分析了"被辩护"和"知
识"这两个术语，理由是这些术语具有支持或规约用途，单凭自然
主义的关系无法解释。

　　这引导我们远离元知识论的实在论，转向一种表达主义形式
的元知识论的反实在论。你需要回顾，元伦理学的表达主义者认
为，伦理陈述并不（仅仅）表征实在，而是主要表达某种态度，
这种态度与世界的适配方向是指向性的（directive）而非描述性
的（descriptive）。元知识论的表达主义者对知识性判断有类似看
法。该论题有多种阐释路径。我们可以借鉴奥斯汀（J. L. Austin，
1979，99）的观点，拥有知识涉及表达某种担保（guarantee），或
者我们可以采纳理查德·罗蒂（Richard Rorty，1979，175）的观
点，一个信念被辩护，与其说是描述心智与世界之间的任何关系，
不如说是我们同伴对信念地位的评论。

　　然而，最能自圆其说的元知识论表达主义是在当代元伦理学
表达主义的基础上发展起来的。事实上，伦理表达主义者最早推

动了元知识论表达主义，他们试图将其理论范围扩展到元知识论。例如，西蒙·布莱克本（Simon Blackburn）主张，"'知识'主要的谈论功能是表明某个判断已经无须修正"（1998，318）。在他看来，所谓"无须修正"是指"没有任何进一步的有益调查或思考能够削弱该［判断］"（1996，87）。同样地，艾伦·吉博德（Allan Gibbard）主张诸如"乔知道山上有些牛"的知识归属意味着，"粗略而言他的判断值得信赖"（2003，227）。这意味着这些判断被吉博德称为"计划负载"（plan-laden）而不是纯粹描述实在。无论如何，元知识论表达主义的核心思想是，关于某人的信念得到辩护或某人知道某件事的判断，并不是纯粹描述性的，而部分地表达了类似欲望的态度。

144　　　　这对表达主义者有何帮助？如果我们假设（正如元知识论的实在论者认为的那样）知识的基础是心智与实在之间的一种关系，但拒绝伦理事实"就在那里"，那么表达主义如何能够合理解释伦理知识就成了一个谜。实际上，早期的表达主义者如艾耶尔就否认伦理知识的可能性。但如我们在第 5 章看到的，该承诺与日常伦理话语冲突，日常伦理话语是说诸如知道某事是正确的／错误的、好的／坏的等话语的常见地方。陈述"莎拉知道她应当帮助莉比"是一个非常日常的英文陈述，大多数表达主义者不希望对这类陈述采取错误论。这正是哲学工作者如布莱克本和吉博德开始提出"准实在论"方案的部分原因，他们试图从表达主义的视角出发，解释我们仍然可以有意义地进行伦理真理、信念和知识的日常讨论。如果关于知识的讨论本身，至少在一定程度上是一种规约或支持而非表征的形式，则对我们讨论伦理知识开辟了一条更容易的准实在论解释之路。简言之，知识论表达主义增强了伦理表达主义。

　　　　这并非哲学工作者支持知识论表达主义的唯一理由。暂时撇开元伦理学不谈，一些哲学工作者主张，在某些语境下（如在谋杀

案审判中作为证人），需要大量证据才能声称真正知道某事，而在
其他语境下（如在酒吧分享饮品时讲述一天的经历），不需要太多
证据就能声称真正知道某事。这导致了各种形式的知识论**语境主义**
（**contextualism**）。这种观点认为，在不同语境下，声称真正知道
某事所需的标准是变化的。

　　这是知识论中有影响力的一个观点。然而，语境主义者面临的
一大挑战是，需要解释两个直觉，为什么一个人在不同语境中的知
识归属会改变他的想法和分歧难题。例如，如果我在酒吧里说：

　　（1）我知道詹姆斯圣诞节那天在办公室。

　　但随后在法庭上，当詹姆斯在某起犯罪中的角色被质疑时，
我说：

　　（2）我不知道詹姆斯圣诞节那天是否在办公室。

　　如果有人听到我说了（1）和（2），他们可能会问我为什么改
变了想法。但从语境主义角度看，我应该能够合理地坚持我没有改
变想法；我只是在不同语境下用不同的知识标准说话。但这看起来
并不正确。类似的，在低标准语境下，你可能会说：

　　（3）莎拉知道邮局在周六是开门的。

　　而在高标准语境下，我可能会说，不，（3）是错误的：

　　（4）莎拉不知道邮局在周六是开门的。

　　在该实例中，第三方会觉得你和我在莎拉是否拥有特定知识这 145
一点上明显存在分歧。但在语境主义来看，你和我说的话可能都是
真的。因此，不清楚分歧究竟在哪里。

　　细心的读者会发现，这与元伦理学相对主义者面临的分歧难题
类似。语境主义在知识论中是关于知识归属的相对主义。语境主义
者声称"S知道p"意味着根据证据规范 N，S关于p的信念是合
法的，语境主义者允许 N 随着语境变化而变化，就像伦理相对主
义者允许伦理规范因地而异。

　　作为回应，追随吉博德（1990）的规范表达主义者可以主张，

伦理和知识性陈述不是对规范合法性的表征，而是对这些规范的承诺的表达。也就是说，知识论表达主义者可能会拒绝语境主义，转而支持语句"S知道p"是对某一组证据规范的承诺的表达载体。这样，知识标准的表面变化就可以通过使用"知道"（know）的不同语境解释。然后，关于改变想法和产生分歧的直觉能够通过支持不同规范带来的那种"态度上的分歧"来解释。（这是Chrisman在2022年出版物的第8章详细讨论的知识论表达主义的论证，尽管他最终没有完全支持这一观点。）该论证支持知识论表达主义的优势之一是，它不依赖于事先承诺伦理表达主义。

我们快速地概览了一些关于知识规范性的以元知识论反实在论的形式支持表达主义的论证。为了结束这一部分，有必要提出问题，元伦理学中的另一个主流的反实在论传统——错误论/虚构主义，能否提供元知识论的反实在论的一种形式。一直以来，一些哲学工作者支持一种**激进的怀疑论（radical skepticism）**，该理论可解读为知识论的错误论的一种形式。一个人认为我们其实并不知道一些自以为知道的事物，这不足以使之成为知识论的错误论者，因为只要他主张至少存在某些知识，那么他就承诺了某些可能的知识归属是真的。但如果他认为知识（和/或被辩护的信念）概念包含某种错误，以至于完全不存在知识（和/或被辩护的信念），那么这个人就是元知识论的错误论者。古典斯多葛学派（Classical stoical）的怀疑论论证有时就有此特点。而最近关于一般规范性的错误论者反对理由具有实在性，无论实践理由还是认知理由（参见Olson，2011）。这也产生了一种元知识论的错误论形式。

我们远未穷尽元知识论理论的所有可能性，甚至在这简短的概览中也没有很好地把握该谱系的全貌。但我希望这些讨论能帮助你们了解当代文献正在进行的辩论中的某些难题。

元规范性理论

146

在本书开篇，我们提问道德的源头。伦理义务从何而来？是什么让某事在伦理上是好的或坏的？这些问题可以解读为因果—历史性问题，也可以解读为解释性—底定问题（explanatory-grounding questions）。无论如何，元伦理学的核心有一个令人困惑的迷，那就是我们如何理解，一个没有伦理义务和价值的情境（situation）与一个充满伦理义务和价值的情境之间的区别。更进一步而言，当我们认为这里有伦理义务和价值时，我们认为，它们对我们应该做什么有直接影响。也就是说，道德似乎产生了行动的理由。这是如何发生的呢？

但这不是附近唯一令人困惑的哲学论题。再次考虑我们之前的例子，脸书员工弗朗西丝·豪根泄露了公司内部文件，揭露了公司监控照片墙对青春少女心理健康产生了消极影响。我们之前曾提出问题，她的行动是否正确。但很明显，该问题有一种不专门是伦理的破题方式。

例如，设想你是豪根的朋友，你最关心的是她的个人福祉。在这种情况下，你可能会疑惑，泄露这些文件对她来说是否是正确的选择，你的关注点仅仅在于这一行动将如何影响她的福祉。例如，她是否会因此失去工作，面临诉讼，承受极大的压力等？鉴于这些考虑，她应该怎么做？

当以这种方式提问时，问题的重点不再是伦理而是慎思（*prudence*）。然而，我们依然可以对该问题可能的答案提出"二阶"问题。关于什么是慎思上正确，实在中有客观的"就在那里"的事实存在吗？如果有，这些事实是怎样的（自然的或非自然的），我们如何知道这些事实？慎思正确性的判断与激发行动之间存在何种联系？尽管该研究领域尚未有一个合适的名称，但我们可以称为"元慎思性理论"（metaprudential theory）。

与元知识论并列，它代表了元伦理学进行的那种理论构建能够扩展，并在不同领域演化的另一种方式。但我在此提及它的原因是我们可以进一步探究伦理和慎思如何并存。也就是说，虽然我们承认伦理和慎思不是一回事，但现在我们可能会思考，深思熟虑后豪根应该怎么做。也就是说，考虑从伦理到慎思，再到其他领域的所有可能的相关因素后，什么行动是她最有理由采取的？

类似的，一些哲学工作者好奇我们能否不仅仅基于证据理由而形成信念，还能基于慎思，甚至伦理理由形成信念。例如，回顾杰夫·贝索斯（Jeff Bezos）和理查德·布兰森（Richard Branson）最近的太空之旅。我们能够想象，他们面临的困难如此之大，如果仅仅依据证据来形成关于他们能够实现什么的信念，他们难以实现目标。然而，他们固执己见（persevered），也许他们的一些信念是基于希望而非证据。我没有暗示这样做是好事，也没有说这就是他们形成信念的方式，但也有可能。如果确实是这样，那么我们就提出了一个很有意义的问题，我们最有理由相信什么，不仅仅基于证据，也基于深思熟虑。也就是说，考虑从知识论到慎思，再到伦理学，以及任何可能相关的因素，什么是我们最有理由相信的？

这些问题再次触及了关于我们应当做什么或应当相信什么的一阶问题，进而引发了更深层次的二阶问题，诸如：一般意义上的"应当"源于何处？一般意义上某事物具有价值意味着什么？有各种理由的情境与无理由的情境之间有什么区别？通过探讨这类问题，我们极大地拓宽了研究视野。我们从元伦理学来到了**元规范性理论**（metanormative theory）。

重点 尽管它们可能规约相同的行动，伦理上的"应当"和深思熟虑的"应当"通常被视为不同的概念。尽管它们可能指向相同的信念，对信念的知识论的理由和深思熟虑的理由有时也被视为不同的概念。我们可以对这些规范性的各个论域提出二阶问题，也可以对一般意义上的规范性提出二阶问题。

为了便于展现，接下来我将重点放在对比伦理规范性和深思熟虑的规范性。但我们可以说，知识论理由与深思熟虑的理由，或慎思性价值与深思熟虑的价值之间是非常类似的。

元规范性理论中的一种观点认为，伦理凌驾于其他规范之上。按照该观点，一个慎思理由可以丰富（add to）伦理理由，使我们有更充分的理由去做某件事，但如果伦理与其他考虑指向相反的方向，那么伦理总是胜者。另一些哲学工作者则认为，慎思凌驾于伦理之上。第三种可能的立场是，不存在具有压倒性地位的规范性论域：伦理和慎思（以及其他规范性类型）各自贡献行动理由，而要澄清我们"纯粹意义上"（just plain）应当做什么，需要仔细的实践推理。在规范性和元规范性理论交界处确立正确的观点，是一个既有趣又困难的问题。

鉴于本书早些时候对形而上学、知识论、语言哲学和心灵哲学等难题的关注，元规范性理论工作者也希望探讨这些元层面的难题如何延展到深思熟虑的规范性。由于这是一个新兴的哲学领域，目前还没有太多既定的立场可供考察。但我们能做的一件事是提出问题，我们各个传统元伦理学理论如何延展到深思熟虑的规范性。简要探究这一点不仅可以作为对本书我们已经讨论过的主流理论的总结，也能让你窥见一些传统元伦理学理论延展到元规范性理论时出现的困难。

自然主义

在第 2 章我们考察了几种不同类型的自然主义。此处我不会回顾所有类型，也不会讨论它们各自如何延展到深思熟虑的规范性。简而言之，任何关于伦理规范性的自然主义者可能都想将自己的观点延展到深思熟虑的规范性。但这样做的前景取决于对每种自然主义版本的具体论证及反驳。为了让你对该论域有个初步印象，我们只考虑能够通达深思熟虑的规范性的自然主义的两条有影响力的路径。

第一条路径通常被描述为休谟式的（Humean），因为休谟认为理性是情感的奴隶，由此被解释为关于辩护性理由的内在主义路径，认为没有独立于能动者特定欲望、担忧（cares）和关切（concerns）的事物作为行动理由。如果你持有这种观点，并且主张拥有欲望、担忧或关切是人类心理完全自然的现象，那么你可能会主张，行动理由不过是完全是人类心理的自然事实的结果。

例如，如果我想吃冰淇淋，而我的冰箱里有一盒冰淇淋，那么我有理由打开冰箱的说法似乎是可信的。一个自然主义者可以说，该理由仅仅是关于我的欲望的事实加上关于冰淇淋所在位置的事实。这些都是完全自然的事实，因此，关于此类理由的事实也完全可以是自然性的。

当然，目前为止，这还不算"深思熟虑的规范性"，因为我可能有其他理由反对打开冰箱。例如，如果我想要坚持我的节食计划，而打开冰箱会诱惑我破坏饮食计划，那么我有理由不去打开冰箱也是可信的。当然，自然主义者可以坚持认为，我有这个理由的事实也是一个完全自然的事实。

然而，要达到关于深思熟虑的规范性的休谟式自然主义观点，我们需要一个解释，关于如何将这些理由（以及任何可能存在的其他理由）结合起来，以决定一个人纯粹应当做什么。我们可以通过两个有争议的主张来实现这一点。首先，这些理由类型——由某人想要什么的事实和为了满足该欲望世界上必须发生什么的事实构成的理由——是做某事唯一的理由类型。也就是说，它们穷尽了理由空间。所以，如果这些"休谟式"的理由类型是自然的，那么所有理由都是自然的。其次，关于如何权衡各种理由，以确定某人深思熟虑后应当做什么，自然主义有一个看起来可靠的解释。由于欲望有不同的强度，而某些行动满足某些欲望的可能性也有不同的程度，自然主义者可以尝试将这些因素结合起来形成一个解释，如何权衡支持和反对任意行动的理由，以确定每种情境下某人纯粹应当做什么。

　　这些主张颇具争议，要发展出关于深思熟虑的规范性的休谟式自然主义，需要进行理论上的努力。然而，在某种程度上，伦理实例造成了该项目最大的挑战，因为伦理规范通常被认为提供了超越个人特定欲望、担忧和关切的理由。正因为如此，我们在第 2 章讨论过的主观主义形式的元伦理学相对主义可能像是发展深思熟虑的规范性的休谟式自然主义的不错的起点。初看起来，如果伦理事实可理解为个人自身的伦理价值所规定的事实，那么，这些价值可视为一组个人欲望、担忧和关切的特定集，休谟式自然主义者就能克服对其观点的一个主要障碍。

　　当然，关于元伦理学主观主义（metaethical subjectivism）的主要担忧是它无法合理解释道德分歧。这种担忧可能会促使你发展一种较为温和的相对主义：允许价值部分相同或价值共享以便理解分歧。无论如何，如果一个自然主义者能够发展出一套理论，解释人们个体的特定欲望、担忧和关切如何互动，形成一套部分相同或共享的共同体价值（communal values），那么这些价值观仍然可以视为完全自然的。事实上，成为一个休谟式自然主义者并不需要否定普遍规范的可能性。因为我们只要能够理解存在某些理由，这些理由得到任何一组特定欲望、担忧和关切的支持，我们就可以主张这些仍然是关于人类及其与世界交互方式的完全自然的事实——需要协作才能满足他们的欲望、担忧和关切。

　　我想提及的另一种关于深思熟虑的规范性的自然主义观点，不是基于人们特定的欲望、担忧和关切的事实，而是基于关于人性（human nature）的事实。正如你可能还记得的，新亚里士多德主义者认为，人类和其他许多自然系统一样，拥有功能或"独特的生存方式"是我们本性的核心成分。这些哲学工作者试图将我们应当

149

如何行动的伦理事实，建立在我们如何良好（或有美德）地生活的基础上，接着他们又希望将后者奠基于人性。在第 2 章我将之视为关于伦理规范性的观点，但持有该观点的支持者常常认为期望在伦理规范性和慎思规范性之间划清界限是错误的。如果这是正确的，那么也许该观点可以发展为深思熟虑的规范性。也就是说，我们或许可以认为，某人"纯粹"应当做什么，是基于其人性的。对自己、家庭、共同体、人类、其他生物、自然等的关切，都可能是其中的一部分，并且从这些来源中衍生出来的理由的精确权衡本身可以通过诉诸我们的人性来解决。

这将构成一种一般规范性的新亚里士多德主义观点（关于伦理规范性的新亚里士多德主义将是其结果）。对这种新亚里士多德主义观点的主要挑战是找到一种关于人性的概念，它需要满足两个明显矛盾的约束条件。首先，我们需要它支持看起来真正具有规约性的规范（norms），而不仅仅是生物学或人类学规制（regularities）。其次，我们需要它能够被可靠地视为自然世界的一部分，原则上可以通过经验观察和科学理论发现。在某些方面，拒绝在伦理规范性和慎思规范性之间划出明确界限，似乎有助于新亚里士多德主义者应对该担忧。然而，他们对人性的解释能否支持关于我们纯粹应当做什么的直觉性看法，仍有待观察。这不仅因为我们很容易想象到这些看法指向的方向与生物学或人类学常态不同，而且因为整个人类本性是否存在任何统一的核心是不明确的。

非自然主义

接下来让我们转向非自然主义。非自然主义者提出他们的伦理规范性观点基于伦理属性无法被还原为自然属性。有鉴于此，一些哲学工作者得出结论，伦理事实是自成一类的。

然而，不应该将非自然主义者的"自成一类"解读为伦理事实与其他规范性事实有根本区别。因为促使人们认为伦理事实是非自然的理由，同样可以让人认为所有规范性事实是非自然的。例如，当我们深思熟虑决定如何行动时，得出的结论似乎服从于某种客观的东西，但它难以还原为自然（或超自然）世界的事实。此外，如果一个非自然主义者支持伦理规范具有压倒性，那么关于深思熟虑的规范性问题的非自然主义观点几乎是自主性的。但即使一个人支持关于伦理规范性和深思熟虑的规范性关系的其他观点，对非自然主义的基本论证依然不变。而且大多数当代元伦理学的非自然主义者，同时也是元规范性的非自然主义者。

理解难点 4　当非自然主义者说伦理和规范性事实是自成一类的，他们在将伦理和规范性事实与哪类其他事实类型进行比较？

此外，关于伦理事实，我们在第 3 章考察非自然主义的三个具体论证中，似乎没有以任何特定的伦理属性为基础，重新构造用于深思熟虑的规范性同样有效。第一个论证来自休谟定律，回想一下，休谟定律是这样的思想，你难以从"是"推出"应当"。如果这是真的，那么它似乎同样适用于深思熟虑的"应当"，就像适用于伦理上的"应当"一样。

第二个论证是摩尔的开放问题论证，基于"善"和"正确"等伦理语词与任何仅使用自然主义术语的分析之间明显的语义鸿沟。有趣的是，如果我们只考虑为促进某些特定目的而是善的事物，或在给定证据下，哪些行动是工具意义上正确的，那么更容易想象这些事实是自然事实。它们只是关于可能性的事实，可以通过经验科学发现。然而，应用于深思熟虑的规范性时，开放问题论证同样有效，甚至比在伦理学中的应用更好。毕竟，深思熟虑的规范性的一个棘手难题是知道不同规范性类型之间如何平衡。因此，自然主义术语和规范性术语之间的语义鸿沟有更大空间。

151

我们考察过的最后一个论证是慎思不可或缺性论证。该思想认为，我们必须假定关于我们应当做什么的事实存在，才能理解我们实践中的慎思。在第 2 章我们看到了该论证并不能直接确立伦理事实的非自然主义立场，因为并不是特别明显，为了理解实践慎思我们必须假设存在特定伦理规范。反而确立了关于深思熟虑的规范性事实的非自然主义（并且延展到伦理事实，由于伦理事实处于一般规范性的核心地位）。

正如元伦理学中支持非自然主义的论证可以延展到元规范性理论，反对它的论证也可以同样延展。我们考察了四种主流的反对意见：来自自然主义世界观的反对，来自知识论的反对，来自伦理实践性的挑战，以及一个来自随附性的论证。让我们看看这些反对意见如何延展到深思熟虑的规范性。

当然，如果一个人因为坚守自然主义世界观而倾向于拒绝伦理学非自然主义，那么将我们的关注范围扩大到深思熟虑的规范性，不太可能减少他对在本体论中添加新的自成一类的事实类型的怀疑。正如我在第 3 章解释的，对非自然主义更具体的反对形式，源于知识论考虑，关于我们如何能够知道非自然事实，这同样适用于深思熟虑的规范性事实，就像专门适用于伦理事实一样。如果这些事实不能通过后天观察和先天反思来知道，我们就必须假设一种新的官能来认识它们。这给非自然主义者带来了沉重的解释负担，要对这种官能的来源及其工作方式给出一个可靠的解释。此外，许多哲学工作者会认为，关于我"纯粹"应当做什么的判断的行动—导向不比我伦理上应当做什么的判断的行动—导向少。这不是说这三个反对意见中的任何一个提供了决定性的论证，但它们看起来从伦理学规范性延展到了深思熟虑的规范性。

对非自然主义的随附性反驳在从元伦理学延展到元规范性理论时更加微妙。回想一下，"随附性"术语指这样一种思想，一个领域（例如，某类罪犯应受多少惩罚）的问题不能在没有另一个领域

（例如，他们所做事情的事实）基础变化的情况下发生变化。大多数哲学工作者认为伦理规范性随附于自然事实，否则一个情境的伦理似乎就是随意的。出于类似的理由，许多哲学工作者也认为一个人纯粹应当做什么同样随附于自然事实。

　　然而，有一种存在主义（existentialist）立场，认为至少有一些关于一个人深思熟虑应当做什么的问题系统性地被一种激进的自由挫败，迫使人们做出无理性的选择，而不是遵循任何规范性规则。这种存在主义立场的合理性（intelligibility）使得随附性论证在应用于深思熟虑的规范性时遇到更多困难。然而，大多数非自然主义者会拒绝这样的思想，有时一个人纯粹应当做什么关乎激进选择，而无关追踪某种外部事实的信念。此外，接受存在主义立场似乎向表达主义让步了一些重要的东西，后者认为这类判断更像是意图或计划，而不是表征实在的信念。无论如何，这种存在主义立场最终合理与否尚不清楚，因此，这些难题仍然令人困惑。

错误论／虚构主义

　　让我们转向错误论和虚构主义。我们在第 4 章讨论过麦凯的错误论，其观点是伦理思想和话语建立在一个错误之上。伦理学预设了存在内在激发性和客观规约性的价值，但麦凯认为并不存在这样的事物，这就是为什么他主张所有基础伦理陈述都是假的。正如我们发现的，他如此主张的部分原因基于这样一个假设，人们行动的理由必须与他们特定的欲望、担忧和关切相联系。但麦凯认为，我们对伦理事实的日常概念是，伦理事实独立于人们的特定欲望、担忧和关切而产生行动理由。

　　这可能暗示了将错误论延展到深思熟虑的规范性的前景不够乐观。毕竟，麦凯关于伦理学的错误论论证基于他对行动理由本性的一种假设。因此，即使他否认伦理理由的存在，也必定认为某些

152

种类的理由是存在的。因此，他必定认为某些深思熟虑的规范性应当—陈述（ought-claim）是真的。此外，麦凯认为我们应该改变关于如何行动的思考和谈论：我们应该停止谈论什么是客观上正确的／错误的，好的／坏的等，进行实践转向，谈论那些真实存在于人们各种行动中的理由（即与人们的特定欲望、担忧和关切相关的考虑）。但他肯定认为这一应该—陈述（should-claim）——即上一句中强调的那个——是真的！并且合理地推测，它被视为深思熟虑的规范性陈述。所以，即使错误论在伦理学领域是正确的，看起来也难以延展至更一般性的规范性领域。

这最终可能是正确的，但是上一段概述的思路会被抵制。首先，尽管麦凯对错误论的论证基于对实践理由本性的观点，但不是所有论证都需要这样做。例如，有人会坚持认为，任何关于某人有理由去做某事的主张都预设了自由意志，然后否认自由意志的存在。这意味着没有任何关于某人有理由去做某事的主张可以是真的。这不是麦凯的论证，但它是一个支持错误论的论证，允许这种观点延展到深思熟虑的规范性。

153　　此外，麦凯根据伦理学错误论劝谏的实践教训（lesson），不是从"所有基础伦理陈述都是假的"这一思想中可唯一汲取的教训。如我们在第4章所见，一些哲学工作者接受了一种虚构主义（言语行为虚构主义）赞同麦凯，如果基础伦理语句在字面上被用于做出断言，那么都是假的。但是，这些哲学工作者主张对日常伦理话语进行比麦凯所接受的更为宽容的解释。这些虚构主义者将伦理语句的正常使用解释为执行除断言以外的其他言语行为：例如，假装（pretense）、道德说教（moralizing）和相对于虚构的谈论（speaking-relative-to-a-fiction）。或者一些错误论者最近主张，即便基础伦理语句用于做出断言且这些断言在字面上是假的，但我们仍有好理由保留做出伦理断言的实践（Olson，2010，第9章）。毕竟，我们通常有好理由谈论为假的事情。因此，尽管伦理思想和话语建立在系统性的本体论错误之上，我们仍应保留它们。

　　无论如何，如果我们对伦理思想和话语中所谓的错误采取虚构主义或保护主义（conservationalist）立场，那么我们可以将这种立场延展到深思熟虑的规范性问题上。因为我们可以认为，即使在关于"如果错误论正确，我们应该做什么"的陈述中涉及非伦理的"应当"，也可以在不产生矛盾的情况下，按照虚构主义或保护主义的方式进行解释。

理解难点 5　言语行为虚构主义者会对我们应当（深思熟虑）继续使用深思熟虑的规范性话语这一主张说什么呢？

　　因此，接受错误论不仅关乎伦理学，而且关乎一般意义上的规范性似乎是可能的。当然，对任何对伦理学错误论持异议的人来说，这可能会加剧他们的反对。我们在第 4 章中讨论的主要反对意见基于宽容原则。它是这样一种思想，在解释他人时，我们应该假定他们所说的大部分是真实的，当我们对他们的解释违背了该假设，举证责任在我们这里，通过表明他们所说的东西确实如我们所说的。所以，如果不仅大量的日常伦理陈述，而且大量更一般的规范性陈述被声称是假的，那么有非常沉重的负担去重新考察我们的日常话语解释。然而，目前态势可能只会推动我们更倾向于对深思熟虑的规范性采取某种虚构主义。

　　我们在第 4 章讨论了两种不同形式的虚构主义：意义虚构主义和言语行为虚构主义。意义虚构主义者认为，道德陈述是真正的断言，但其内容是相对隐晦的一些虚构（is implicitly relativized to some fiction）。正如我们刚刚看到的，言语行为虚构主义者认为，道德陈述实际上不是断言，而是其他类型的言语行为。这两种立场都是最初倾向于错误论的人对深思熟虑的规范性可以采取的立场。

　　然而，值得注意的是，当我们延展这些理论时，之前考察每个理论的主要担忧似乎变得更加强烈。意义虚构主义要求目标话语的普通使用者是"语义上盲的"（semantically blind），这意味着他们并不真正理解他们所说内容的意义。这不是说他们不能清楚地阐述（我们并不期望普通说话者具备语言学家语义分析的能力），而是说他们甚至不会意识到在他们的语言行为中有虚构主义者所假设的相对隐晦的虚构。因此，任何将意义虚构主义从伦理领域延展出去的企图都将需要假设更多的语义盲人（semantic blindness）。

我在第 4 章提出关于语义盲人的反对意见是言语行为虚构主义在当代元伦理学更有影响力的部分原因。此外，即使我们不在假装或虚构意义上日常谈论伦理判断，但认为伦理思想和话语服务于"道德化"（moralizing）而非描述性目的的想法并不罕见。然而，一旦虚构主义者声称深思熟虑的规范性话语涉及不同于断言的另一种言语行为，精确确认言语行为的挑战就变得更加重要和困难。

表达主义

你可能还记得，表达主义最初以情绪主义（emotivism）的形式出现，它认为伦理陈述是对实在情绪反应的表达，而不是对实在的表征。这在伦理规范性上似乎比在一般规范性上更说得通。毕竟，我们的伦理观点往往充满了情绪负载，但一个人对深思熟虑应该如何行动是否情绪负载不那么明显。

然而，重要的是谨记，情绪主义只是表达主义早期的一种版本，20 世纪表达主义变得更加精致和复杂。当代表达主义者倾向于将他们的观点视为运用于诸如伦理学与知识论等领域的深思熟虑的规范性理论。有鉴于此，我们现在来考察，在伦理学领域为表达主义辩护的主要论证能否延展到一般规范性的实例中去。

我们之前探究的第一个论证，基本上是对用于非自然主义的休谟定律论证的一种变体。其核心思想是，如果一个人认为休谟定律给出了质疑伦理事实可以还原为自然事实的理由，但同时这个人又坚定地承诺自然主义世界观，那么他不会支持非自然主义，而表达主义似乎成为了主要的替代选项。因为表达主义者能够尊重"应当"与"是"的根本区别。他们并不是从两种不同类型的事实来解释这种区别，而是从我们语言陈述扮演的两种不同角色来解释：一种是关乎实在样貌的描述性陈述，另一种是关乎人们应当如何行动的情绪性／规约性陈述。该论证并没有特别针对伦理学，同样适用深思熟虑的规范性。

　　我们在第 5 章探究了支持表达主义的第二个论证，源自动机性内在主义和休谟式动机理论。其核心思想是，伦理判断与激发行动之间存在着一种特别紧密或者"内在"的联系。假设激发行动总是需要两类心理状态协同，一种是表征性的，另一种是指向性的（directive），对于伦理判断与动机之间这种内在联系最合理的解释是，这些判断是类似欲望的（指向性）而非类似信念的（表征性）。正如我们在第 5 章探究的，关于伦理判断的内在主义立场极具争议。有人主张存在心理变态（psychopaths）或非道德主义者（amoralist），他们完全清楚自己做出的伦理判断的意义，但缺乏据此行动的任何动机。然而，当我们转向深思熟虑的规范性，这种反对意见的力量似乎减弱了。因为想象一个对"纯粹"应当做什么事的心理变态或非道德主义者似乎更加困难。这个人没有理由去做或思考任何事情真的可能吗？这样的人还能被视为真正思考和行动的能动者吗？

　　我们对该论证提出的另一个担忧是，我们常常对那些与我们截然不同或与我们相隔甚远的事物做出伦理判断，而关乎我们未来行动的判断是否与动机之间存在同样的"内在"（interna）联系就远没有那么明确了。这一担忧同样适用于源自内在主义＋休谟式动机理论对深思熟虑的规范性表达主义的论证。因为这类判断显然可以涉及非伦理类型的理由或"应当"。

155

我们考察过的伦理学中支持表达主义的最后一个论证是随附性论证。其基本思想是，伦理上正确的／错误的与好的／坏的明显随附于非伦理事实上，而表达主义能够强有力地解释该现象。随附性是元伦理学非自然主义的理论代价，却是元伦理学表达主义的理论优势。许多哲学工作者认为，就深思熟虑的规范性而言，情况完全相同。然而，如我之前提到的，有些人可能认为，关于一个人深思熟虑应当做什么的激进的存在主义立场的合理性，揭示了将该难题延展至深思熟虑的规范性的一个差异。如果这是正确的（这是一个巨大的"如果"），那么在深思熟虑的规范性情况中，支持表达主义的随附性论证可能不会像在伦理学情况中那样有力。另一方面，同样如我之前提到的，如果该立场确实合理，那表达主义者可能正中下怀，因为它为一些规范性判断更类似决策而非信念的思想提供了一定支持。

理解难点 6　深思熟虑的"应当"随附于非规范性，这意味着什么？

156　　　伦理学实例中反对表达主义的论证，适用于深思熟虑的规范性。在第 5 章我展现了这些反驳并解释了它们如何激发了自早期情绪主义以来表达主义立场的调整（或者说改进？）。例如，在许多哲学工作者看来，情绪主义面临难以解释伦理分歧以及伦理严肃性难题。但规约主义、投射主义和规范—表达主义等版本的理论在这方面表现得更为出色。这些担忧在深思熟虑的规范性实例中与在伦理学实例中一样强烈。因此，希望延展其观点的表达主义者尝试采用这些更为复杂的形式。规范性语言的适真性（及其相关特性）和在条件句、疑问句等中嵌入规范性语句的可能性。布莱克本发起的准实在论计划旨在解释表达主义者如何能够理解规范性话语的这些特征。布莱克本及其追随者发展了该计划，不仅关注伦理规范性，还

试图延展至所有规范性形式。他们能否成功做到，仍然是对深思熟虑的规范性表达主义的关键挑战。

重点　对于四大主流元伦理学传统，我们很容易设想元规范性理论中的平行视角。支持与反对的论证往往相似，但理论谱系却不相同，这使得发展这些理论中的任何一种都变得更加复杂。

章节总结

- 厚伦理概念涉及伦理事务远比好的／坏的或正确的／错误的更为丰富。一些哲学工作者认为，这些概念是我们伦理思考和话语的核心，因此应该成为元伦理学研究的重点。

- 一些元伦理学工作者主张，厚伦理概念可以还原为薄伦理概念加上非伦理概念，但其他元伦理学工作者拒绝该思想。

- 元知识论是对元伦理学的模拟，伦理学和知识论被视为两个独立的规范性领域。

- 大量传统知识论理论试图分析知识，可解读为元知识论的实在论。然而，尚不清楚这应该理解为非自然主义还是自然主义。

- 元知识论的反实在论有多种形式。

- 元规范性理论关注规范性判断的地位问题，很像元伦理学理论关注伦理判断的地位问题。

- 一些元规范性理论工作者区分了我们深思熟虑后应当采取的行动或相信，以及可能影响的各种因素（例如，伦理的、知识论的和慎思性的）。

- 关于深思熟虑的规范性，可以发展出自然主义、非自然主义、错误论／虚构主义，以及表达主义等形式。但是，当这些理论延展并覆盖到一般规范性，它们的表现并不总是一样出色。

问题研究

1. 你能给出一个原则（而不仅仅是例子）来区分厚的与薄的伦理概念吗？一个还原主义的反对者会对该提议说什么？

2. 你认为哪种传统元伦理学理论能够最佳解释厚伦理概念的使用及其核心地位？

3. 在何种意义上，辩护（*justification*）被认为是一个规范性概念？这与伦理上正确的 / 错误的规范性概念意义相同吗？

4. 有哪些事实性条件是我们知道事物时必须有的？为什么有人认为这些条件难以穷尽知识概念？

5. 元知识论表达主义存在哪些潜在问题？

6. 哪两个论证在支持一个元伦理学观点时可信，但转化为支持元规范性观点的论证时却不那么可信？请解释你的回答。

7. 针对元伦理学观点的一种什么样的反对意见，应用于元规范性观点时力度会有所减弱？

8. "存在主义立场"是一种关于深思熟虑的规范性的错误论吗？

资源拓展

- Baker, Derek. 2017. "The Varieties of Normativity." In *The Routledge Handbook of Metaethics*, edited by Tristram McPherson and David Plunkett. Routledge.［关于规范性领域的不同可能性与我们如何，以及为什么能够区分它们的全面讨论。］

- Chang, Ruth. 2004. "All Things Considered." *Philosophical Perspectives* 18 (1):1—22.［关于深思熟虑的"应当"及其如何被决定的讨论］
- Chrisman, Matthew, 2012. "Epistemic Expressivism." *Philosophy Compass* 7 (2):118—126.［对支持和反对知识论表达主义诸多论证的综述］
- Marušić, Berslav. 2011. "The Ethics of Belief" *Philosophy Compass* 6 (1): 33—43.［介绍信念伦理学、知识规范性，以及可能存在支持信念的非证据性理由的思想。］
- Roberts, Debbie. 2013. "Thick Concepts." *Philosophy Compass* 8(8):677—688.［最近详细讨论厚伦理概念的研究］
- Väyrynen, Pekka. 2021. "Thick Ethical Concepts," In *The Stanford Encyclopedia of Philosophy* (Spring 2021 Edition), edited by Edward N. Zalta. <https://plato.stanford.edu/archives/spr2021/entries/thick-ethical-concepts/>。［全面评述哲学工作者对厚伦理概念持有的各种立场］

理解难点的答案

QU1：薄伦理术语诸如"好""坏""正确"和"错误"这样的语词。由于它们在许多语境中有广泛应用，被认为几乎不携带非评价性内容，这就是它们"薄"的原因。

QU2：元慎思性探究慎思的地位（status）。元美学（Metaaesthetics）探究美学的地位。元法学（Metalaw）（即法理学）探究法学的地位。每个实例都有规范涉及，这引发了我们在思考这些规范时究竟在思考什么、它们的本性是什么和它们源于何处的二阶问题。

QU3：自然主义者在语言哲学中通常持有表征主义的成功—

158

理论，这意味着他们主张知识性陈述旨在成功地表征实在。这与他们关于知识性陈述表达的心理状态类型的认知主义观点相辅相成。也就是说，自然主义者通常认为这类陈述表达信念。

QU4：自然事实与超自然事实。

QU5：他们会说，该陈述同样不是断言，而是其他一些言语行为，因此即便用来表达它的语句在字面上是假的，该言语行为本身仍然可以是完全合理的。

QU6：如果存在两种情境，在所有非规范性方面完全相同，那么随附性直觉告诉我们，在第一种情境中一个人深思熟虑应当做的事情，必须与在第二种情境中一个人深思熟虑应当做的事情相同。

参考文献

Austin, J. L. 1979. *Philosophical Papers*. Oxford: Oxford University Press.

Blackburn, Simon. 1996. "Securing the Nots: Moral Epistemology for the Quasi-Realist." In *Moral Knowledge: New Readings in Moral Epistemology*, edited by W. Sinnott-Armstrong and M. Timmons. Oxford and New York: Oxford University Press.

Blackburn, Simon. 1998. *Ruling Passions: A Theory of Practical Reasoning*. New York: Oxford University Press.

Chrisman, Matthew. 2012. "Epistemic Expressivism." *Philosophy Compass* 7 (2): 118—126.

Chrisman, Matthew. 2022. *Belief, Agency, and Knowledge*. Oxford: Oxford University Press.

Cuneo, Terence. 2007. *The Normative Web*. New York: Oxford University Press.

Elstein, Daniel, and Thomas Hurka. 2009. "From Thick to Thin: Two Moral Reduction Plans." *Canadian Journal of Philosophy* 39 (4):515—535.

Gettier, Edmund. 1963. "Is Justified True Belief Knowledge." *Analysis* 23: 121—123.

Gibbard, Allan. 1990. *Wise Choices, Apt Feelings: A Theory of Normative Judgment*. Cambridge, MA: Harvard University Press.

Gibbard, Allan. 2003. *Thinking How to Live*. Cambridge, MA: Harvard University Press.

Hurley, S. L.1989. *Natural Reasons*. Oxford: Oxford University Press.

Olson, Jonas. 2010. "In Defence of Moral Error Theory." In *New Waves in Metaethics*, edited by M. Brady. New York: Palgrave Macmillan.

Olson, Jonas. 2011. "Error Theory and Reasons for Belief." In *Reasons for Belief*, edited by A. Steglich-Petersen and A. Reisner. Cambridge: Cambridge University Press, pp. 75—93.

Rorty, Richard. 1979. *Philosophy and the Mirror of Nature*. Princeton, NJ: Princeton University Press.

Väyrynen, Pekka. 2013. *The Lewd, the Rude and the Nasty: A Study of Thick Concepts in Ethics*. Oxford: Oxford University Press.

Väyrynen, Pekka. 2021. "Thick Ethical Concepts." In *The Stanford Encyclopedia of Philosophy* (Spring 2021 Edition), edited by Edward N. Zalta. https://plato.stanford.edu/archives/spr2021/entries/thick-ethical-concepts/.

Williams, Bernard.1985. *Ethics and the Limits of Philosophy*. London: Fontana.

~~~~~~~~~~~~~~~~~~~~~~~~~

后验的（a posteriori）——如果一种知识要求对世界的具体特征有经验，则是后验的。

后验还原的自然主义（a posteriori reductive naturalism）——指伦理事实可以通过经验（而非概念分析的）研究还原为自然事实。

先验的（a priori）——如果一种知识无需对世界的具体特征有经验，则是先验的。

行动理论（action theory）——探究行动本性的哲学领域（有形而上学也有心灵哲学），尤其是如何将心理状态与理由纳入行动。

意志软弱（akrasia）——设想某人应当去 ϕ（或 ϕ-ing 是最佳的），但缺乏充分的（或者说完全缺乏）动机去 ϕ。

深思熟虑的规范性（all-things-considered normativity）——理由或"应当"并不仅仅源于伦理的、慎思的、知识论的考虑，而是源于所有相关考虑。

人类学的相对主义（anthropological relativism）——人类学主张不同人类群体遵循不同的规范或一起生活的方式（相较元伦理学的相对主义）。

反实在论（antirealism）——拒绝实在论。

反表征主义（antirepresentationalism）——拒绝表征主义。

古怪性论证（argument from queerness）——麦凯错误论一系列论证的一部分，基于这样的思想，伦理事实难以真正存在，因为它们非常古怪以至于难以嵌入我们关于实在与人类知识的标准图景。

相对性论证（argument from relativity）——麦凯错误论论证的一部分，基于这样的思想，世界各地的伦理信念各不相同。

定语形容词（attributive adjective）——吉奇用来形容诸如"大"这类术语，在具体语句中的意义是通过修饰后继词（如"大的跳蚤"）形成谓语，而不是提供独立的内容（相较于**表语形容词**）。

信念—欲望动机心理学（belief-desire psychology of motivation）——休谟式动机理论的别称。

信欲（besire）——指不可分割的信念与欲望混合体。

举证责任（burden of proof）——在理论辩论中，对一些问题的立场需要一个论证，另一方被视为默认观点。

堪培拉计划（Canberra Plan）——一个主张使用**网络式分析**来理解关键哲学概念的术语。

绝对（categorical）——使得一个人不顾碰巧欲望或偏好什么的理由或"应当"。伦理与知识论理由与"应当"通常被认为是绝对的。

因果指称理论（causal theory of reference）——主张一个词的指称被实在中事物因果地（因而历史地）联系决定（而不是与语词联系的描述）。

独特的生存方式（characteristic ways of living）——类似功能的东西，能够决定对特定物种什么特性是美德。

认知主义（cognitivism）——主张伦理判断在根本上是信念。

融贯主义（coherentist）——知识论的观点，主张知识以我们信念的融贯性为基础，这些信念在一个信念间互相支持的宽广的网络或系统中。

组合性假设（compositionality assumption）——该假设是意义理论的核心，主张整体的意义（如语句）是其部分（如语词）的函数，以及这些部分如何组合起来。

意动性（conative）——"非认知性"的另一语词。用来概括非认知主义者的观点，如表达主义，主张伦理陈述表达的心理状态更像欲望而非信念。

162 **保护主义（conservationalist）**——错误论的一种形式，相较麦凯对伦理概念的取消主义立场，主张我们应继续使用伦理或规范性概念，哪怕它们的应用是错误的。

建构主义（constructivism）——主张一些事实领域并不是"就在那里"有待发现，而是被某些程序或立场"建构"。

语境主义（contextualism）——知识论中有一系列观点主张真正归属于知识的东西受语境影响，允许语境有一个从高标准到低标准的范围。

出于方便而虚构（convenient fiction）——某些事物我们不相信其完全正确，却又为了方便各种目的而假装相信其正确。

惯例性言外之意（conventional implicature）——使用基于语言惯例的语句传递意义，尽管语言惯例并非其字面内容的一部分。

对话性言外之意（conversational implicature）——使用赋予语境线索的语句传递意义，虽然语境线索并非其字面内容的一部分。

康奈尔实在论（Cornell Realism）——后验还原的自然主义的别称。

真之符合论（correspondence theory of truth）——主张语句 S 是真的是因为符合实在，关于 S 的事实。

适配方向（directions of fit）——安斯康姆的隐喻，现在通常用来区分如信念这样的表征性心理状态与诸如欲望和意图这样嵌入目标的心理状态。

神命论（divine command theory）——主张道德事实由一些至高无上者的命令构成。

生态霸业（ecological supremacy）——指自然被人类正确地利用，因为我们已经演化出了智能和技术能力来控制自然以达到我们的目的。

包容的表达主义（ecumenical expressivist）——作为其意义的函数，伦理语句表达兼具信念式与欲望式的心理状态。

情绪性意义（emotive meaning）——术语或陈述的情绪性内涵，相较事实性意义。

163 **经验调查（empirical investigation）**——我们获知实在的一种方式，通过观察我们周遭的世界。我们一直以一种平凡的方式做这件事；但科学建立在更精致的经验观察之上，涉及形成假说和检验假说。

认知模态（epistemic modal）——像"可能"这样的词用来限定所提主张的证据强度。

知识论（epistemology）——为了我们的信念而关心知识与辩护的哲学领域。

错误论（error theory）——一种元伦理学观点，主张伦理判断（至少简单的那种）试图表征实在，但失败了，因为不存在伦理事实。

伦理判断（ethical judgments）——关于何为正确／错误、好／坏、美德／邪恶等的一阶主张。元伦理学并不致力于制造与捍卫伦理判断，而是追问制造它们的实践。

伦理美德（ethical virtues）——使得某人成为伦理上的好人的特征。

信念伦理学（ethics of belief）——知识论关心人们有理由相信或应当相信什么的知识论领域。

游叙弗伦两难（Euthyphro dilemma）——柏拉图提出的挑战，试图解释道德的本性，将权威性奠基于上帝的命令。如果某事物是正确的是因为上帝命令，那么正确似乎是随意的。如果上帝命令某事物是因为正确，那么上帝的命令仅仅是追踪而非决定什么是正确的。

演化诋谤论证（evolutionary debunking argument）——反对实在论伦理价值奠基于观察的观点，至少大多数实在论者这样分析其本性，但人类似乎不会演化成追踪伦理价值。

表达主义（expressivism）——一种元伦理学观点，主张伦理陈述并不直接表达关于实在的信念，而是从表达非信念态度中获得意义。

辩护性理由的外在主义（externalism about justifying reasons）——考虑（或事实）可以是一个人行动的理由，即使没有承载这个人的欲望、偏好、计划，甚至没有承载一旦掌握充分信息并且逻辑融贯他们将会去行动的心理状态。

模棱两可谬误（fallacy of equivocation）——赋予论证术语两种不同意义的推理谬误。

虚构主义（fictionalism）——一种元伦理学观点，主张伦理语句在一种方便虚构的类型上使用，不是字面上为真，而是在使用上被视作真。

基础主义（foundationalist）——知识论的观点，主张知识的基础是我们得到支持的信念，最终诉诸一些基础信念或经验。

弗雷格—吉奇难题（Frege-Geach problem）——对表达主义的多重挑战，源于弗雷格的观察，一个发生在断言语境中的语句内容（如陈述）可以像发生在非断言语境中的语句内容一样（如条件性前件或在疑问句中）。

功能类（functional kinds）——某种能够按照其功能归类的事物，例如门挡。

盖梯尔难题（Gettier problem）——对知识的辩护—真—信念分析最著名的挑战，一个人拥有被辩护的真信念但似乎不拥有知识。

全局性的表达主义（global expressivism）——指所有语言——不仅仅是伦理语言——

164

都表达非认知性态度而不表达关于实在的信念。

休谟定律（Hume's Law）——我们不可能从"是"推出"应当"。

休谟式动机理论（Humean theory of motivation）——指有动机去行动总是涉及两类心理状态的结合，一类有嵌入目标的适配方向，另一类有表征实在的适配方向。

混合的认知主义（hybrid cognitivist）——一些人捍卫的一种观点，伦理陈述既表达关于伦理事实的信念又有类似欲望的态度。

言外之意（implicature）——由语句使用来传递意义的一种现象，尽管意义不是语句字面内容的一部分（参见**对话性言外之意**与**惯例性言外之意**）。

隐参量（implicit parameter）——语句意义的逻辑参量，在不同语境中使用会导致不同的值，但不作为索引词在语句中现身。

索引性的（indexical）——在不同语境中指称不同事物所使用的分类方式，例如"现在""这里"。

最佳解释推理（inference to the best explanation）——当我们推断某事物是因为它为另一事物提供了最佳解释，有时候也叫"溯因"推理，相较演绎推理与归纳推理。

工具性地（instrumentally）——手段与目的之间的关系。

辩护性理由的内在主义（internalism about justifying reasons）——主张考虑（或事实）难以提供能动者行动的理由，除非这种考虑（或事实）与能动者的欲望、偏好或计划相关，或者能动者处于掌握充分信息并且逻辑融贯，就会去行动的心理状态。

内在激发性（intrinsically motivating）——仅仅意识到某事物就将促动我们的意志。

直觉（intuition）——不同于观察与推理的一种心智官能。往往被伦理非自然主义者用来解释我们如何知道伦理事实。

直觉主义（intuitionism）——主张我们通过一种特殊的直觉官能知道伦理事实。

辩护性理由（justifying reasons）——指一些使得行动正当（某种意义上正当）的考虑（或事实）。

意义虚构主义（meaning fictionalist）——一些语境下语句的意义是相对隐晦的虚构。

元知识论（metaepistemology）——探究认知判断的元层次难题，与元伦理学平行。

元伦理学的相对主义（metaethical relativism）——没有什么事物就其本身而言在伦理上有正确／错误，其伦理上有正确／错误仅相对于文化、道德、社会共识等（**相较人类学的相对主义**）。

元伦理学（metaethics）——伦理学的哲学研究领域，在更加抽象的层次上追问做出伦理判断的一阶实践，导致大量形而上学、知识论、语言哲学与心灵哲学问题。

元规范性理论（metanormative theory）——从元伦理学向一般规范性拓展的元层次问题。

形而上学（metaphysics）——关注何物存在与实在之本性的哲学领域。

真之紧缩论（minimalist theory of truth）——真谓词不承担过重的形而上学承诺，而负责勾勒话语中陈述句的内容。只要一个人含蓄地接受真理图式的所有实例，他就完全有能力运用"真"这个术语：对于任意有意义的陈述句 S，"S"是真的，当且仅当 S。

传教士和食人族的例子（missionary and cannibals example）——黑尔著名的例子，旨在激发这样的思想，即伦理术语规约与评价而不是挑出事物的经验性或事实性特征。

道德分歧（moral disagreement）——两个人关于道德立场的观点处于紧张且不是因为一些基础性的事实分歧。

道德心理学（moral psychology）——关注心理学的哲学领域，涉及去行动的动机，尤其我们对行动做出伦理判断的语境。

道德怀疑论者（moral skeptic）——怀疑我们拥有任何道德知识的人。

道德孪生地球思想实验（moral Twin Earth Thought Experiment）——一个思想实验，想象一个和现实地球一样的孪生地球，但因果地维系我们伦理术语使用的是不同的属性。霍根与蒂蒙斯介绍了该思想实验（借鉴了普特南在不同语境中使用的类似例子）以表明后验自然主义是有问题的。

激发性理由（motivating reasons）——能够解释某人为何在合理化的意义上如此行动的心理状态。

动机性外在主义（motivational externalism）——伦理判断本身不扮演动机性的心智状态角色，而需要额外心智状态（如欲望或偏好）的支持以产生动机。

动机性内在主义（motivational internalism）——伦理判断扮演动机性的心智状态角色。

自然主义（naturalism）——指形而上学中的一个一般性观点，唯一存在的事实是自然事实，或指元伦理学中更具体的观点，伦理事实是自然事实。

自然主义谬误（naturalistic fallacy）——由于某事物具有伦理属性就将其伦理属性等同于自然属性的谬误。摩尔主张像功利主义这样的观点陷入了该谬误，他们将善等同于带来快乐。

167

自然主义的世界观（naturalistic worldview）——一种所有存在物都是自然的想法。

本性（natures）——新亚里士多德主义者主张关于事物本性的事实可视为能够支撑伦理事实的自然事实。

新亚里士多德主义者（Neo-Aristotelians）——哲学工作者如福特和赫斯特豪斯在论证一类元伦理学自然主义时试图恢复来自亚里士多德的思想。

网络式分析（network-style analysis）——一类概念分析，不寻求将概念分解为组成部分，而是确定关联一个概念集合的网络。杰克逊用它发展出了一种新的先验的自然主义形式，不再受制于摩尔的开放问题论证。

非认知主义（noncognitivism）——主张伦理判断本质上是一些非信念的态度，如欲望、意图、计划或偏好。

非自然主义（nonnaturalism）——一种元伦理学观点，主张伦理事实不可还原为其他类型的事实（如自然事实或超自然事实）。

规范—表达主义（norm-expressivism）——吉博德捍卫的观点，伦理陈述表达对约束行动的规范的承诺。

规范性知识论（normative epistemology）——类比规范伦理学的知识论。

规范伦理学（normative ethics）——伦理学的哲学研究领域，试图提出一般性理论将事物按照伦理上正确／错误、善／恶、高尚／邪恶等来分类。

规范性（normativity）——涉及规范、规则或理由。

客观规约性（objectively prescriptive）——这样一种思想，一些事实提供能动者去行动的理由，无关他们的欲望、关切或忧虑。

实存（obtain）——形而上学工作者有时用来谈论实在或事物的本质。如果某一客体"存在"，那么关于其拥有的属性的事实可称为"实存"。

168 **本体论承诺（ontological commitments）**——一种承诺哪些实体是实在的理论。

开放问题论证（open-question argument）——由摩尔支持非自然主义而首先发展出的论证，以一个事实为基础，我们总能去怀疑，对任何自然属性 N 来说，N 是不是善的，而不会有概念混乱。

原初状态（original position）——罗尔斯用来说明假设性的选择情境的术语，我们在社会中最终会走向何处的**无知之幕**背后，正义的公平原则会被选择。

同罪回应（partners-in-crime response）——对于某种反驳的哲学式风格回应，如果关于某事物（如伦理学）的一个批评是正确的，则该主张对于我们不愿意承认的其他事物（"同伙"）也是正确的（如数学）。

置换难题（permutation problem）——反对网络式分析。基于这样的思想，一些概念网络可以被不同属性簇满足，每个属性簇构成对其他属性簇的系统性置换。

语言哲学（philosophy of language）——解释语言如何有意义并概括语言使用的各种维度的哲学领域。

心灵哲学（philosophy of mind）——关注所有心理现象的哲学领域。在元伦理学中，相关的心理现象是动机心理学，以及我们的心智与拥有理由去行动之间的关系。

实践伦理学（practical ethics）——这是一个伦理学的哲学研究领域，试图给出面对特定伦理问题时我们应该做什么的实践结论。

语用学（pragmatics）——研究如何用语言来达成各种效果。

实用主义（pragmatism）——哲学上的一场运动，强调我们对语词与概念的实践而非它们在实在中的指称。

表语形容词（predicative adjective）——吉奇用来指称某类术语的标签，如红色，在特定语句中贡献了独立的意义，而不依赖修饰其他术语（相较**定语形容词**）。

规约（prescription）——属于告诉某人做什么的言语行为范畴（例如，命令、恳求、建议、劝告等）。有时该术语也用来指称专门用来执行相关言语行为的载体（如祈使句）。169

规约主义（prescriptivism）——黑尔的伦理语言理论，伦理陈述并不描述事实而是产生"普遍化"的规约。

宽容原则（principle of charity）——首先要假定大多数人说的是真的，要求解释错误的信念而不是真信念。

极简原则（principle of parsimony）——对一些现象的两种解释，其他条件相同则诉诸自成一类事物更少的解释。

投射主义（projectivist）——伦理陈述"镀金并染色"实在，而不是追踪独立存在的人类与实在交互的特征。

准实在论（quasi-realism）——布莱克本为表达主义争取权利的计划，将传统被假定为表征主义与认知主义的特征与伦理话语结合，如"真""相信""事实"。这涉及接受这些术语的紧缩论立场。

彻底的怀疑主义（radical skepticism）——认为不可能也不能够有知识（和／或被辩护的信念）的知识论观点。

理性主义（rationalism）——发展了一种伦理真理的理想观察者解释，理想观察者的伦理信念很重要。

实在论（realism）——很难精准定义，粗略地说，关于 X 的实在论指 X 的事实客观实存（或等价地，X 的属性被客观实例化），所以道德实在论是这样一种观点，即伦理事实客观实存。

厚伦理概念的还原主义（reductionism about thick ethical concepts）——诸如"勇敢""猥亵"等厚伦理概念能够还原为诸如"善"加上纯粹描述性概念的薄伦理概念。

反思平衡（reflective equilibrium）——一种特定类型的理论化终点或目标，从对某些问题的直觉性判断开始，暂时假定一般原则来解释和验证这些判断，然后将这些原则应用于新问题，并调整一般原则或解释任何不适配该原则的判断。

可靠主义（reliabilism）——知识论理论根据信念形成过程是否可靠分析辩护与知识。

表征主义（representationalism）——指语句（如伦理语句）旨在关乎实在中的某些事物。170

表征（representations）——各种语言与心理项可作为载体描述或代表被假定实在的事物，这就形成了一个表征。

唯科学主义（scientism）——对认为科学是"何为实在"终极判决的人的讽刺性术语。

语义学（semantics）——研究语词的意义以及它们组成的语句。

情感主义（sentimentalism）——提出了一种伦理真理的理想观察者解释，理想观察者的道德情感很重要。

朴素主观主义（simple subjectivism）——相对主义的一种极端形式，认为伦理陈述的意义相对隐藏于演说者的价值观中。

社会达尔文主义（social Darwinism）——世界上有权力的人及其文化是演化上最好的，因为最能生存与繁衍。

言语行为虚构主义（speech-act fictionalist）——陈述在一些话语中并不是对某些事实表达信念的断言，而是执行言语行为，如假装或漫谈。

自成一类（sui generis）——该拉丁术语意味着"是其自身的类"，在元伦理学中被用来概括非自然主义，认为伦理事实是其自身的一类（不可还原；例如还原成自然或超自然的事实）。

随附性（supervenience）——两个事实或属性之间的关系，两者在随附基础域中不可分辨（例如，关于利益与伤害的事实），而在随附域中（例如伦理）也不可分辨。尽管每个领域都琐碎地随附于自身，但随附性弱于同一性与还原性。

理论的成本—收益分析（theoretical cost-benefit analysis）——一种主流元伦理学方法，通过计算各种理论的成本与收益，评价不同理论的相对吸引力。

厚伦理概念（thick ethical concepts）——诸如"勇敢""猥亵"等概念是丰富的文化性的特定生活方式的一部分，似乎描述世界的同时也带有评价。

适真性（truth-apt）——一个语句具有适真性，当其能够被恰当地说成真的或说成假的，也就是说，能以"这是真的/假的……"的方式被赋予意义。

无知之幕（veil of ignorance）——罗尔斯的术语，抹去私人性与个体性信息，以便我们更好地选择公平的正义原则。

证实主义原则（verificationist principle）——主张语句的意义是其证实条件。与艾耶尔等逻辑实证主义者有关。

~~~~~~~~~~~~~~~~~~~~~

注：索引中的页码系英文版页码，亦即本书边码。

173

图书在版编目(CIP)数据

简明元伦理学:第2版/(英)马修·克里斯曼
(Matthew Chrisman)著;李大山译. —上海:上海人
民出版社,2024
书名原文:What is this thing called Metaethics?
(Second Edition)
ISBN 978 - 7 - 208 - 18734 - 4

Ⅰ.①简… Ⅱ.①马… ②李… Ⅲ.①元伦理学
Ⅳ.①B82 - 066

中国国家版本馆 CIP 数据核字(2024)第 034147 号

责任编辑 任俊萍 王笑潇
封面设计 人马艺术设计·储平

简明元伦理学(第2版)
[英]马修·克里斯曼 著
李大山 译

出　　版　上海人民出版社
　　　　　　(201101 上海市闵行区号景路 159 弄 C 座)
发　　行　上海人民出版社发行中心
印　　刷　上海商务联西印刷有限公司
开　　本　635×965 1/16
印　　张　15
插　　页　4
字　　数　190,000
版　　次　2024 年 12 月第 1 版
印　　次　2024 年 12 月第 1 次印刷
ISBN 978 - 7 - 208 - 18734 - 4/B · 1732
定　　价　68.00 元